U0630770

基金项目：本书获内蒙古财经大学学术专著出版基金资助

内蒙古大兴安岭地区银多金属矿床找矿模型与成矿预测

杜青松　著

中国商务出版社

·北京·

图书在版编目（CIP）数据

内蒙古大兴安岭地区银多金属矿床找矿模型与成矿预
测 / 杜青松著. -- 北京：中国商务出版社，2025.
ISBN 978-7-5103-5586-8

Ⅰ. P618.520.622.6

中国国家版本馆 CIP 数据核字第 2025KU2918 号

内蒙古大兴安岭地区银多金属矿床找矿模型与成矿预测

NEIMENGGU DAXING'ANLING DIQU YINDUOJINSHU KUANGCHUANG ZHAOKUANG MOXING YU CHENGKUANG YUCE

杜青松　著

出版发行：中国商务出版社有限公司
地　　址：北京市东城区安定门外大街东后巷 28 号　邮编：100710
网　　址：http://www.cctpresscom
联系电话：010-64515150（发行部）　010-64212247（总编室）
　　　　　010-64243016（事业部）　010-64248236（印制部）
策划编辑：刘文捷
责任编辑：刘　豪
排　　版：德州华朔广告有限公司
印　　刷：北京建宏印刷有限公司
开　　本：787 毫米×1092 毫米　1/16
印　　张：9.25　　　　　　　　　　　字　　数：166 千字
版　　次：2025 年 4 月第 1 版　　　　印　　次：2025 年 4 月第 1 次印刷
书　　号：ISBN 978-7-5103-5586-8
定　　价：68.00 元

凡所购本版图书如有印装质量问题，请与本社印制部联系

版权所有 翻印必究（盗版侵权举报请与本社总编室联系）

前　言

内蒙古大兴安岭地区是中国重要的有色金属基地和矿集区之一，目前已查明银资源储量位居全国第一。系统研究区域银矿床成矿规律、控矿因素、成矿模式、找矿模型，并进行成矿预测和靶区评价，对实现找矿突破具有重要的理论意义和现实价值。

本书研究内容和主要成果包括以下几个方面。

1. 运用区域成矿学，系统阐述了区域成矿地质背景（地层、岩浆岩等）、区域构造演化关系、区域成矿作用，并对区域地球物理、地球化学等特征进行总结，论述了其与成矿的关系。选择具有代表性的如双尖子山、敖包吐、二道河、复兴屯等大型、超大型银矿床，阐明矿床特征等，探讨矿床成因，并总结得出其区域成矿模式。

2. 从成矿物质来源、成矿环境和成矿作用等方面对矿床的时空分布规律和控矿因素进行了深入研究。将内蒙古大兴安岭地区主要划分为：突泉-翁牛特 Pb-Zn-Ag-Cu-Fe-Sn-REE 成矿带；新巴尔虎右旗-根河（拉张区）Cu-Mo-Pb-Zn-Ag-Au-萤石-煤（铀）成矿带；东乌珠穆沁旗-嫩江（中强挤压区）Cu-Mo-Pb-Zn-Au-W-Sn-Cr 成矿带。其中，突泉-翁牛特成矿带又由与燕山期中酸性岩浆活动有关的 Fe、Zn、Pb、Cu、Au、W、Ag 矿床成矿系列等 3 个系列构成。

3. 构建典型银多金属矿床综合信息勘查模型。根据矿产预测类型划分，内蒙古大兴安岭地区银多金属矿主要涉及矿产类型有岩浆热液型银矿、陆相火山次火山（热液）型银矿、矽卡岩型（接触交代-热液型）等。

4. 在地物化综合信息和成矿系统、成矿规律综合研究的基础上，筛选成矿远景区。将内蒙古大兴安岭地区共划分了 4 个银矿资源开发基地，分别为比利亚谷银矿未来开发基地、额仁陶勒盖银矿未来开发基地、吉林宝力格-朝不愣银矿未来开发基地、孟恩陶勒盖-花敖包特-官地开发基地。

5.运用成矿地质体体积法,借助MRAS等软件对内蒙古大兴安岭预测区典型银矿床进行了资源量估算,共估算银资源总量72 359.38t,其中岩浆热液型银矿38 732.8t、陆相火山次火山(热液)型23 804.58t、伴生银矿9 822t。预测银资源主要分布于大兴安岭成矿带新巴尔虎右旗北段及中南段兴安盟至赤峰北部地区。

6.基于内蒙古大兴安岭中南段昆都地区1∶5万化探扫面数据,利用因子分析法(PCA)和二维经验模分解(BEMD)等,提取该区多金属矿床的致矿地球化学异常,从而开展找矿靶区成矿有利定量评价。据因子分析法获知,元素组合PC1[Mn-Zn-Ag-Cr]、PC2[Pb-Sn]和PC4[Cu-Ni]分别代表了研究区内最主要的与多金属矿化有关的致矿元素组合。对PC1、PC2和PC4主因子进行二维经验模分解,分别提取银锌、铅锡和铜镍矿致异常,并圈定出相应的找矿靶区,共计7处。最终,通过靶区优选,对哈布特盖靶区进行了查证。

杜青松

2024年12月

目　录

1 绪 论

1.1 选题依据及研究意义

银矿产资源的消费领域主要在制造业中，包括工业用途占51%，照相业占14%，首饰和银器占25%，货币领域占4%。中国的银矿储量排在秘鲁、波兰、智利、澳大利亚之后，位居全球第五位。大兴安岭成矿带是中国重要的有色金属、贵金属成矿带，内蒙古自治区银矿保有资源量居全国第一，境内已探明的银矿点、矿化点集中分布在大兴安岭地区，该地区内银矿床个数占全区矿床的52%，已探明银储量占全区银矿床储量的78%。该地区已经引起国内外专家学者及相关科研机构的高度重视，成为矿产普查与勘探、矿床学界研究的热点地区（曾庆栋，2007；牛树银，2008；江思宏，2010；白大明，2011；张万益，2013；陈永清，2014；匡永生，2014；邵济安，2015；李剑锋，2015）。

1.1.1 选题依据

近年来，笔者在本书撰写方面做了充分的准备和前期工作，参与的项目主要有：①数字化矿区资源管理与矿区生态环境监测（内蒙古自治区科技厅项目，2015—2018）；②内蒙古自治区赤峰市昆都等四幅1/5万区域矿产地质调查（地方财政项目，2008.12—2010.12）；③内蒙古自治区赤峰市大黑山铅锌银多金属矿预查（地方财政项目，2011.12—2012.12）；④"中国矿产资源潜力评价"（中国地质调查局国土资源地质大调查项目）等。

1.1.2 研究意义

大兴安岭成矿带早在2005年就被列为国家16个重要成矿带之一，2007年又一次被列为中国三个重要矿产资源勘查开发带之一。中国银矿床数量按行政区划来看，拥有量最多的为内蒙古，而在内蒙古，大兴安岭地区银资源量和矿床所占比重又最大。2010年，位于该区的赤峰市被授予"中国有色金属之乡"称号。研究区地质构造演化复杂，银多金属矿产资源分布集中，资源远景良好，找矿潜力巨大。该地区已经引起国内外专家学者及相关科研机构的高度重视，成为矿产普查与勘探、矿床学界研究的热点地区。作为中国重要的银多金属矿集区，大兴安岭地区拥有大量的地质矿产及其他相关的研究资料，为把内蒙古建设成为国家重要能源和战略资源基地提供保障。

本研究基于区域成矿学等理论，对区域成矿地质背景及典型银矿床地质特征、成因进行研究；通过"地物化遥"多元信息集成，总结控矿因素和矿床时空分布规律，构建典型矿床成矿模式、综合信息找矿模型；应用数学地质、计算机等方法，开展银多金属成矿预测、远景区划和靶区评价，对实现找矿突破具有理论意义和现实价值。

1.2 研究进展和现状

1.2.1 找矿模型

找矿模型，亦即找矿模式（exploration model），突出某类矿床的基本要素和找矿过程中具有特殊意义的地质、地球物理化学、遥感、重砂等综合信息及其空间上的变化情况，与找矿标志和资源定量评价密切相关。找矿模型研究久盛不衰，是迄今成矿学中最有生命力的研究内容。至今影响比较广泛的如苏联的"预测普查组合"、美国的"三部式"找矿模型和赵鹏大、池顺都（2000，2002，2003，2004，2011）的"5P逐步逼近法"矿产资源定量评价理论等。在中国，熊光楚最先建立地球物理-地质找矿模型，接着引入了地球化学找矿模型。美国地质调查局Cox等对单个矿床描述的基础上对参研矿床进行了分类。科兹洛夫斯基等针对一定的矿床类型提出矿床模型系统。裴荣富系统地总结规律性的找矿标志。施俊法等（2011）提出了构建找矿模型的基本大纲等等。近年来国内外利用模型先后成功地发现了一批大型-超大型、新类型矿床（毛景文 等，2012；Mango et al.，2013；Volkov et al.，2014；Catchpole et al.，2015）。总的来看，矿床模型的发展与应用，代表着当代矿床学、矿产勘查学、成矿预测学等学科研究的一种新趋势。

1.2.2 成矿预测

成矿预测于20世纪中叶开始发展，主要是基于对矿床成矿规律、成矿模式、控矿因素、找矿模型等方面的研究，综合利用"地物化遥"等手段，通过地质类比法、矿床模式研究、矿石建造分析、统计分析等方法对矿产进行远景预测。法国人诺贝尔奖获得者M.Allais发表了《大区域矿产勘查经济矿床的评价方法——以阿尔及利亚撒哈拉为例》论文，进行了矿床个数的预测研究。DeVerle P. Harris等通过增加地学信息的途径，在相对一致的地质地段划分出更小的不均一地段作为"信息带"。该国学者Singer指出了圈定"找矿可行地段"的概念并与"找矿有利地段"相区别。中国成矿预测工作开始于20世纪60年代，赵鹏大在教材建设和云南个旧锡矿率先开展了成矿预测理论研究和应用实践。20世纪70年代，程裕淇、陈毓川就矿床成矿系列与预测进行了探讨。赵鹏大于1979年组织编写了《数学地质与矿床统计预测数学地质与矿床统计预测》教材。1985年，赵鹏大编写了《矿产资源总量预测》专著（安徽月山地区地区1：20万图幅的总量预测）。自20世纪90年代至今，新的成矿理论和预测方法应运而生。如求异理论、地质异常理论、"三联式"成矿预测理论、数字找矿理论（赵鹏大，2019）等。

随着大数据时代的到来，成矿预测理论和方法会逐步走向多元化和信息化（王浩丞、孙宝生，2010），通过建立空间数据库、属性库，进行各种不同比例尺的成矿预测。非线性理论的出现为定量成矿预测指明了新的方向。在地学领域引入非线性数据的处理方法，如基于多重分形理论的奇异值分解技术（MSVD）和二维经验模分解（BEMD）方法等，可以实现对矿致地球化学、地球物理（重力、地震数据等）异常信息提取，进而圈定找矿靶区（成秋明，2011，2012；夏庆霖 等，2016）。陈永清（2011）等应用BEMD技术提取金矿化矿致重力异常，圈定具有明显成矿意义的靶区；Chen（2015）等应用奇异值分解技术（SVD）提取云南个旧锡矿田锡矿化隐伏花岗岩重力异常；Chen（2016）应用二维经验模式分解（BEMD）模型提取个旧锡铜多金属矿田的控矿地质构造和花岗岩重力异常。总之，分形、混沌、耗散等非线性理论为复杂的地质现象和地质数据等方面的处理提供了重要的理论支撑（柳炳利，2009），为研究非线性地质过程和地质异常事件提供了一种有效方法。

1.3 研究内容、科学问题与技术路线

1.3.1 研究内容和科学问题

1.运用区域成矿学，系统阐述了区域成矿地质背景（地层、岩浆岩等）、区域构造演化关系、区域成矿作用。并对区域地球物理、地球化学等特征进行总结，论述

了其与成矿的关系。

2.典型银多金属矿床调查，分析典型矿床特征、成因等。选择具有代表性的如双尖子山、敖包吐、二道河、复兴屯等大型超大型银矿床，阐明矿床特征等，探讨矿床成因，并总结得出其区域成矿模式。

3.探究区域成矿模式和过程，分析含矿地层、成矿岩体、控矿构造等因素。总结并建立大兴安岭地区主要银多金属矿床区域成矿模式，构建典型银多金属矿床综合信息勘查模型。

4.基于成矿物质来源、成矿环境和成矿作用等方面，对矿床的时空分布规律和控矿因素进行了深入研究。

5.开展成矿预测，明确找矿方向。运用成矿地质体体积法，借助MRAS等软件对内蒙古大兴安岭预测区典型银矿床进行资源量估算。在地物化综合信息和成矿系统、成矿规律综合研究的基础上，筛选成矿远景区。

6.基于内蒙古大兴安岭中南段昆都地区1：5万化探扫面数据，利用因子分析法（PCA）和二维经验模分解（BEMD）等，提取该区多金属矿床的致矿地球化学异常，开展找矿靶区成矿有利定量评价和查证工作。

1.3.2 技术路线

以矿产勘查学为理论指导，整合地、物、化、遥感综合信息，总结成矿模式，探讨控矿因素，构建找矿模型。采用有效的综合找矿方法和手段，结合资源潜力评价的成果，进行成矿预测，筛选成矿远景区。

1.3.2.1 基础地质矿产资料收集与分析

充分收集并分析归纳总结内蒙古大兴安岭地区开展过的区调、矿调资料、文献等，详细了解和掌握银多金属矿床系统成矿理论，勘查模型和成矿预测研究现状及研究区地质矿产研究工作程度，了解区域成矿地质背景和典型矿床特征。

1.3.2.2 野外地质矿产调查

要充分利用大中比例尺路线地质调查工作（包括1：5万路线地质调查及1：1万路线地质调查），针对拟重点解决的问题进行野外地质调查。主要包括：详细记录野外地质现象和矿化线索，地质点记录、影像资料取证、地质物化探综合剖面测量、遥感解译实地调查、异常查证、探矿工程编录、系统取样等。

1.3.2.3 室内整理和综合分析

将野外资料系统整理分类，以目标为导向，对取得的地、物、化、遥等成果归纳分析总结，寻找矿床之间的内在联系，在建立勘查模型过程中，尤其要注重成矿理论的纲领性作用，以系统论的思想指导成矿预测。

1.4 主要成果和创新点

1.运用区域成矿学，系统阐述了区域成矿地质背景（地层、岩浆岩等）、区域构造演化关系、区域成矿作用。并对区域地球物理、地球化学等特征进行总结，并论述了其与成矿的关系。

2.选择具有代表性的如双尖子山、敖包吐、二道河等大型超大型银矿床，明确了矿床地质、矿体特征、围岩蚀变及矿石特征等，并对矿床成因进行了探讨，进一步总结得出其区域成矿模式。

3.从成矿物质来源、成矿环境和成矿作用等方面对矿床的时空分布规律和控矿因素进行了深入研究。将内蒙古大兴安岭地区主要划分为：突泉－翁牛特Pb-Zn-Ag-Cu-Fe-Sn-REE成矿带；新巴尔虎右旗－根河（拉张区）Cu-Mo-Pb-Zn-Ag-Au－萤石－煤（铀）成矿带；东乌珠穆沁旗－嫩江（中强挤压区）Cu-Mo-Pb-Zn-Au-W-Sn-Cr成矿带。其中，突泉－翁牛特成矿带又由与燕山期中酸性岩浆活动有关的Fe、Zn、Pb、Cu、Au、W、Ag矿床成矿系列等3个系列构成。

4.构建典型银多金属矿床综合信息勘查模型。根据矿产预测类型划分，内蒙古大兴安岭地区银多金属矿主要涉及矿产类型有岩浆热液型银矿、陆相火山次火山（热液）型银矿、矽卡岩型（接触交代－热液型）等。

5.在地物化综合信息和成矿系统、成矿规律综合研究的基础上，筛选成矿远景区。将内蒙古大兴安岭地区共划分了4个银矿资源开发基地，分别为比利亚谷银矿未来开发基地、额仁陶勒盖银矿未来开发基地、吉林宝力格－朝不愣银矿未来开发基地、孟恩陶勒盖－花敖包特－官地开发基地。

6.运用成矿地质体体积法，借助MRAS等软件对内蒙古大兴安岭预测区典型银矿床进行了资源量估算，共估算银资源总量72 359.38t，其中岩浆热液型银矿38 732.8t、陆相火山次火山（热液）型23 804.58t、伴生银矿9 822t。预测银资源主要分布于大兴安岭成矿带新巴尔虎右旗北段及中南段兴安盟至赤峰北部地区。

7.基于内蒙古大兴安岭中南段昆都地区1∶5万化探扫面数据，利用因子分析法（PCA）和二维经验模分解（BEMD）等，提取该区多金属矿床的致矿地球化学异常信息，并进行找矿靶区圈定和查证。

1.5 结构和主要工作量

1.5.1 结构

本书共计8个章节。第1章为绪论，主要介绍选题依据及研究意义；研究进展和现状；研究内容、科学问题与技术路线等。第2章介绍区域成矿地质背景，对区域地层、岩浆岩、构造、建造、区域成矿作用等进行综合分析。第3章介绍了区域地球物理和地球化学特征及其与成矿的关系。第4章对区内典型银多金属矿床及成因进行了分析探讨，建立了银多金属矿床区域成矿模式。第5章对矿床的控矿因素进行了深入研究，构建了银多金属矿床综合信息找矿模型。第6章在建立勘查模型的基础上，划分成矿远景区，并进行成矿预测。第7章利用因子分析法和二维经验模分解等，提取大兴安岭地区多金属矿床的致矿地球化学异常，开展找矿靶区成矿有利定量评价。第8章为结论部分。

1.5.2 主要工作量

在内容创作期间，进行了野外踏勘，调查了花敖包特、双尖子山、敖包吐、二道河、复兴屯、额仁陶勒盖、拜仁达坝等矿床（点）10余处。参与或负责完成了"兴蒙造山带构造演化、成矿信息与成矿作用""数字化矿区资源管理与矿区生态环境监测""内蒙古自治区赤峰市昆都等四幅1/5万区域矿产地质调查""内蒙古自治区赤峰市大黑山铅锌银多金属矿预查""内蒙古自治区赤峰市郑家段沟铅锌多金属矿预查""中国矿产资源潜力评价"等项目并发表了论文6篇，其中核心期刊5篇。

完成的主要工作量：矿床（点）收集研究40余个、典型矿床研究7个、典型矿床计算机矢量及编图40张、矿床点踏勘调研8处、地质路线观察220km、标本采集350块、井下观测2个、野外实地照片240张、野外矿床对比研究7个、薄片鉴定130件、光片鉴定68件、1∶5万化探样品8 649件、遥感解译1 480km²、槽探3 160m³、收集硫同位素数据11件、铅同位素12件、1/5万区域地质调查22幅、1/5万区域化探数据处理71幅、1/5万区域航磁数据处理12幅、主要地质单元土壤地球化学特征值统计2 200个、组合异常特征分析10个、潜力评价资源量数据统计25个、成矿规律及预测研究编图10幅。

2　区域成矿地质背景

2.1 区域地层及其成矿作用

2.1.1 晚太古界–早元古界地块

大兴安岭地区是叠加在前古生代结晶岩系不同的基底之上的,其构成了古生代大陆边缘规模大小不等的地块。在研究区南部的赤峰市西拉木伦河北岸及西乌珠穆沁旗米斯庙一带有新太古代表壳岩出露(李伟,2009),由下部的片麻岩和上部片岩组成。

兴安地层大区:元古代地层出露有限,零星见于大兴安岭北部额尔古纳河下游国境线附近。它们多呈残留体出现在华力西期和燕山期侵入岩范围内,部分为断块状地层体。按从老到新的顺序主要有:

2.1.1.1 早元古代兴华渡口群(Pt_1X)

在松岭区、加格达奇至扎兰屯一带是以泥(沙)质细碎屑岩为主的较深水的沉积岩石组合,其中夹有中基性火山岩和少量碳酸盐岩,属于低角闪岩相,局部的混合岩为后期侵入岩边缘混合岩化的产物,是本区金矿的矿源层。

2.1.1.2 晚元古代青白口系佳疙疸组(Qnj)

分布于额尔古纳河流域,下部为黑云石英片岩,上部为绿泥石片岩,含光球藻。所获该群全岩Rb–Sr等时线年龄为1 061.6Ma(丁雪,2010)。其上与额尔古纳河组整合接触,下界不清。该地层是本区金矿的矿源层。

2.1.1.3 晚元古代震旦系额尔古纳河组(Ze)

分布于额尔古纳河流域,为一套浅海相碳酸盐岩建造,主要为白云质大理岩夹石英片岩及绿泥片岩,为绿片岩相变质。整合覆于佳疙疸组之上,未见上限。与佳疙疸两个组均属基底之上的盖层沉积。该层是本区铜钼矿的矿源层。

华北板块北部陆缘增生带:零星分布的宝音图群(Pt_1by)出露于拜仁达坝西部一带,呈近东西向展布。主要由一套石英岩、石英片岩、大理岩组成,同位素年龄在1 910Ma~2 613Ma之间(徐备 等,2000)。古元古代末期从华北地块分离出去,呈岛链状的小陆块分布于中元古－古生代以来的大洋中。该群自下而上分第一、二、三、四岩组，层位归属古元古界上部，为华北板块北缘已知的最古老的岩石地层单位（周文孝 等，2013）。该地层铜金丰度值较高，提供了部分成矿物质。

2.1.2 早古生界沉积建造

早古生界的地层较少见，尤其是前寒武系仅见兴安地层大区苏中组出露。主要是各类片岩、大理岩、砂质板岩以及安山岩等。

2.1.2.1 下寒武统苏中组（$\in_1 sz$）

主要分布在苏呼河北山伊尔施及中蒙边境一带，岩性为一套灰色蜂窝状结晶灰岩和成层砂岩，厚层状灰岩夹黑色薄层状板岩，产 *Ajaciacyathus* sp *Ethmophyllum hinganense* 等古杯化石。其顶、底均与泥盆系下统呈断层接触。形成在浅海相三角洲沉积环境，具体为砂岩是在潮控三角洲的混合坪沉积的，灰岩则形成于灰坪环境（曹桐生 等，2011）。该地层在中酸性岩浆岩侵入作用下有形成砂卡岩型矿床的可能。在其接触带及其附近地层某些元素有可能形成一定的富集，形成所谓的矿源层，这些矿源层的存在，为一些矿床的形成提供了一定的矿质来源，也是地质工作者应该考虑的成矿因素。

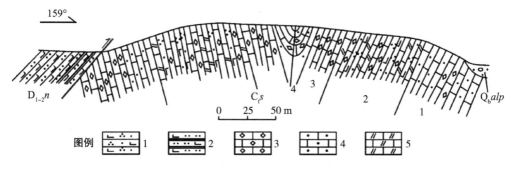

1.含钙质不等粒石英砂岩；2.钙质板岩、粉砂岩；3.细晶灰岩、微晶灰岩；4.细中晶砂质灰岩；

5.微细晶含白云质灰岩

图 2-1 苏中组（$\in_1 sz$）实测剖面图

2.1.2.2 奥陶系

兴安地层大区：早期有中－下奥陶统乌宾敖包组（$O_{1-2}w$）浅海相碎屑岩夹灰岩透镜体，为陆棚沉积形成的地层，含腕足类、三叶虫及笔石等化石。该地层主要赋存钨、钼矿。中期为多宝山组（O_2d）的一套灰绿色英安岩、安山质熔岩、火山角砾岩、凝灰岩及沉凝灰岩等中酸性火山岩夹板岩组合；下部偶夹大理岩。整合覆于铜山组之上、伏于裸河组之下。该地层主要赋存 Mo、W、Cu、Ag、Pb、Zn 元素（徐国 等，2013）。该组是铜钼矿的矿源层。晚期为上奥陶统裸河组（O_3l）浅海相变质砂板岩夹砂质灰岩的沉积组合。该地层主要赋存 Pb、Cu、Mo、Ag、Zn、W 元素（郑萍 等，2013）。

华北板块北部陆缘增生带：奥陶系下－中奥陶统包尔汗图群（$O_{1-2}br$）为一套海相中基性火山熔岩、火山碎屑岩建造夹陆源碎屑岩、碳酸盐岩沉积建造。这套地层分布在达茂旗包尔汗图及其周围地区和克什克腾旗五道石门一带，以厚层状、条带状碳酸盐岩为主，夹透镜状碎屑岩，上部为碳酸盐岩与碎屑岩互层。含笔石、放射虫、有孔虫等。整合于西别河组之下，厚 1 362～1 899 米（王森 等，2017）。该套火山岩还是区域金成矿的金源层（胡鸿飞 等，2014）。

2.1.2.3　志留系

兴安地层大区：志留系为一套浅海相碎屑岩组合，发育浅－微变质的火山－沉积岩系，仅有晚志留世卧都河组，以含大量 *Tuvaella* 腕足动物群为特征。华北板块北部陆缘增生带：中晚志留世徐尼乌苏组、晒乌苏组和西别河组，呈角度不整合在蛇绿混杂岩、岛弧火山岩、加里东期花岗岩和弧后盆地复理石沉积之上，是发育于内蒙古中部地区的一套滨浅海相磨拉石沉积，揭示了其下伏杂岩之间的区域构造关联性，是内蒙古中东部地区曾经发生过加里东期陆壳增生作用过程的证据（张允平 等，2010）。

2.1.3　晚古生界沉积建造

研究区上古生界是具有准盖层性质的陆相－海相沉积盖层（周建波 等，2012），由火山－沉积作用形成的一套陆表海沉积建造。

2.1.3.1　泥盆系

泥鳅河组、大民山组、塔尔巴格特组、安格尔音乌拉组、色日巴彦敖包组区内均有分布。其中安格尔音乌拉组为一套陆相及滨浅海相砂板岩组合。含大量植物化石和孢粉。该组是本区金矿的矿源层。

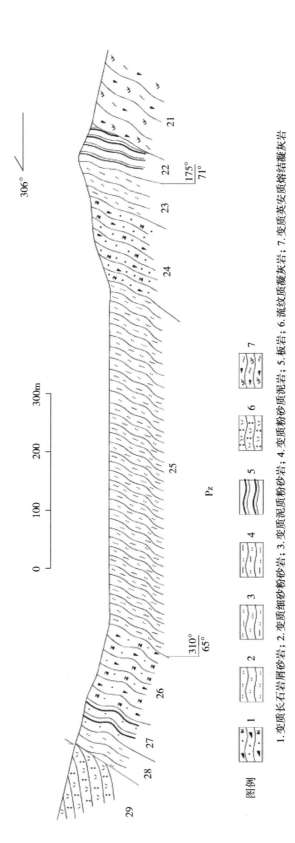

图 2-2 西沙布尔台二叠系中统哲斯组（$P_{1}zs$）实测剖面图

1. 变质长石岩屑砂岩；2. 变质细质粉砂岩；3. 变质泥质粉砂岩；4. 变质粉砂质泥岩；5. 板岩；6. 流纹质凝灰岩；7. 变质英安质熔结凝灰岩

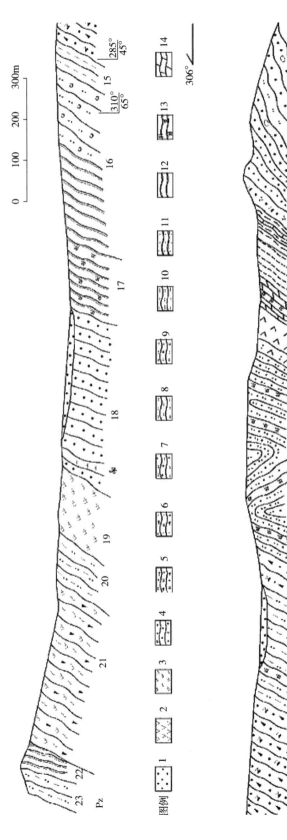

图2-3 二叠系下统大石寨组（P_2ds）实测剖面图

1.第四系；2.变质杏仁安山岩；3.蚀变英安岩；4.变质含砾砂岩；5.变质粗粒长石岩屑砂岩；6.变质细粒长石岩屑砂岩；7.变质砂质粉砂岩；8.变质粉砂岩；9.变质碳质砂岩；10.变质泥质粉砂岩；11.变质泥质板岩；12.板岩；13.硅质板岩；14.变质泥灰岩

2.1.3.2 石炭系

兴安地层大区早期有红水泉组和莫尔根河组。晚期为新伊根河组、宝力高庙组和格根敖包组。华北板块北部陆缘增生带分布有晚石炭世本巴图组、阿木山组。

2.1.3.3 二叠系

下二叠统哲斯组（P_1zs）下部为一套滨浅海相地层，上部逐渐向陆相地层转变，代表向上变浅的沉积序列（方俊钦 等，2014）（图2-2）。中二叠统大石寨组（P_2ds）为一套海相中酸性火山岩建造（图2-3）。晚二叠统林西组为一套湖相黑灰色砂板岩组合，含淡水动物化石 *Palaeomutela–Paleanodoneta* 组合，是典型的西伯利亚晚二叠世双壳类动物群。

2.1.4 中、新生界盖层沉积建造

三叠世以来，内蒙古大兴安岭地区进入造山－裂谷系演化阶段。区内缺失上三叠统，早、中侏罗世发育受近东西和北东走向断裂控制的断陷含煤盆地，晚侏罗世由于剧烈地火山爆发而造成单一的沉积盆地很少；早白垩世火山岩喷发仍然强烈，出现若干受近东西和北东走向断裂控制的含煤断陷盆地；晚白垩世发生受北东东和北北东走向共轭断裂控制的叠加断陷活动，局部有火山喷发活动；新近纪一第四纪多为河湖相沉积，由大陆裂谷碱性玄武岩溢流活动。三叠世以来岩石地层分区见表2-1。

1.下侏罗统（J_1）：红旗组（J_1h）主要分布在柴河镇－突泉县一带。红旗组（J_1h）为河湖相含煤碎屑岩建造。下部以灰白砾岩夹薄层砂岩为主；上部为砂岩、粉砂岩、泥岩及数层煤层，为山间盆地河湖－沼泽相含煤沉积。其上与万宝组整合或平行不整合接触。

2.中侏罗统（J_2）：零星遍布全区，地层主要为万宝组（J_2wb）、塔木兰沟组（J_2tm）和新民组（J_2x）。万宝组（J_2wb）包括河湖相含煤碎屑岩建造、湖泊三角洲砂砾岩夹火山岩建造、河流砂砾岩－粉砂岩－泥岩建造、河流砂砾岩－粉砂岩－泥岩夹火山岩建造等；塔木兰沟组（J_2tm）中基性火山岩，为陆源弧火山岩组合，是本区金铜多金属矿的矿源层。新民组（J_2x）主要为河湖相含煤碎屑岩建造、其次为河流砂砾岩－粉砂岩－泥岩建造和火山碎屑岩建造（表2-1）。含费尔干蚌等双壳类和植物化石。与下伏大石寨组呈角度不整合，与上覆侏罗系满克头鄂博组或玛尼吐组

呈角度不整合接触。

表2-1 内蒙古大兴安岭地区三叠世以来岩石地层单位序列表

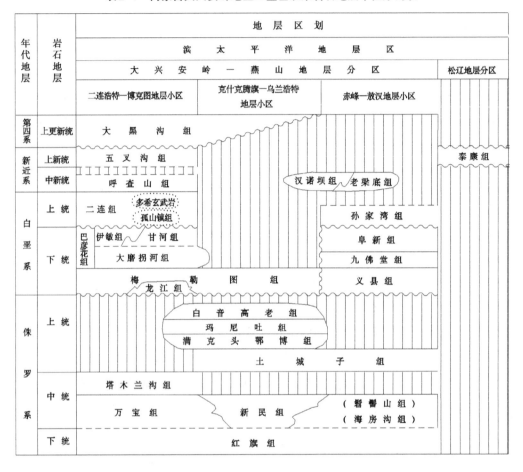

3.上侏罗统（J_3）：上侏罗统包括白音高老组（J_3b）、满克头鄂博组（J_3mk）和玛尼吐组（J_3mn）等。满克头鄂博组（J_3mk）为陆相酸性火山岩建造（图2-5）；玛尼吐组（J_3mn）为陆相中性火山岩夹碎屑岩建造，为一套安山质火山熔岩、安山质火山碎屑岩（图2-6）；白音高老组（J_3b）为陆相酸性火山岩-沉火山碎屑岩建造（图2-7），为杂色流纹质火山碎屑岩、流纹岩、火山碎屑沉积岩、沉积岩。三者在区域内均广泛分布。

4.下白垩统（K_1）：下白垩统包括西拉木伦河以北出露的龙江组（K_1l）、梅勒图组（K_1m）、甘河组（K_1g）、大磨拐河组（K_1d）和伊敏组（K_1ym）。其中，龙江组（K_1l）为俯冲型火山岩，呼伦贝尔市伊列克得北山、阿荣旗查巴奇东山根、额尔古纳右旗上库力等剖面均以中性、中酸性火山岩和碎屑沉积岩为主（丁秋红 等，

2014)。梅勒图组（K_1m）和甘河组（K_1g）为大陆裂谷中基性火山岩。大磨拐河组（K_1d）为水下扇砂砾岩建造和河湖相含煤碎屑岩建造；伊敏组（K_1ym）为河湖三角洲砂砾岩建造和河湖相含煤碎屑岩建造。

5.新近系—第四系：这一时期形成了陆相河湖相碎屑岩沉积，并伴随有玄武岩喷发。北部克尔伦苏木一带和欧肯河镇一带出露中新世呼查山组（N_1hc）河流砂砾岩-粉砂岩-泥岩组合；中部扎赉特旗一带出露上新世泰康组（N_2tk）河流砂砾岩-粉砂岩-泥岩组合；巴彦诺尔-宝格达山林场一带出露五叉沟组（N_2wc）大陆裂谷橄榄玄武岩；阿巴嘎旗-西乌珠穆沁旗出露宝格达乌拉组（N_1b）泥岩、砂岩、砾岩；柴河镇一带和诺敏镇一带出露大黑沟组（Qp_3d）橄榄玄武岩。第四系主要分布于山麓、现代河床等地，成因混杂。

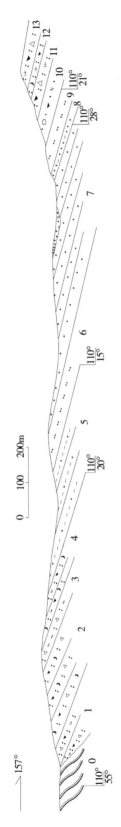

图 2-4 巴嘎呼斯裂侏罗系中统新民组（J₂x）实测剖面图

1.第四系残坡积；2.英安质火山角砾凝灰岩；3.英安质含角砾玻屑岩屑凝灰岩；4.英安质角砾熔结凝灰岩；5.粗砂岩；6.含砾粗砂岩；7.粉砂岩；8.含砂泥岩；9.板岩

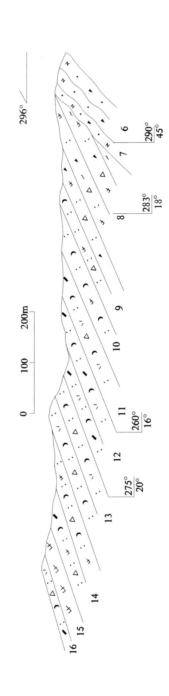

图例：

图 2-5 拜其哈达侏罗系上统满克头鄂博组（J₃mk）实测剖面图

1.凝灰质岩屑长石砂岩；2.流纹质含角砾玻屑凝灰岩；3.流纹质含角砾玻晶屑凝灰岩；4.流纹质玻屑凝灰岩；5.英安质含砾晶屑凝灰岩；6.英安质含角砾玻屑凝灰岩；7.英安质玻屑凝灰岩；8.英安质浆屑岩屑凝灰岩；9.英安岩

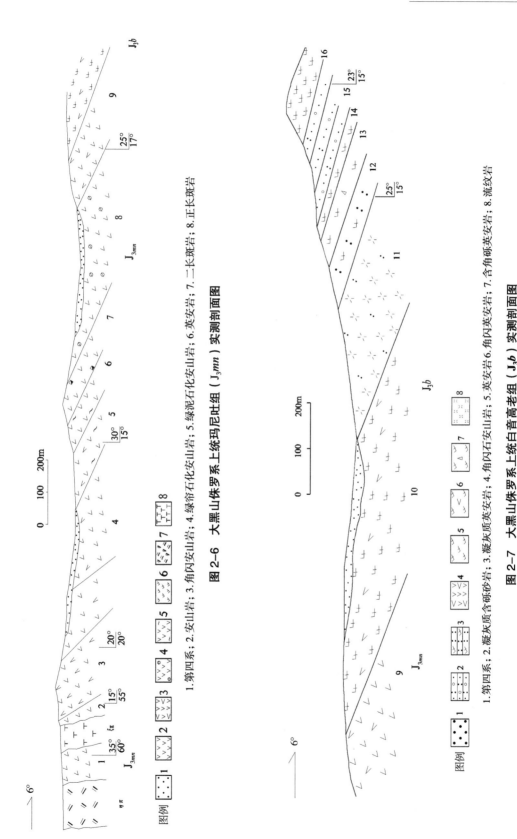

图 2-6 大黑山侏罗系上统玛尼吐组（J_3mn）实测剖面图

图例

1. 第四系；2. 安山岩；3. 角闪安山岩；4. 绿帘石化安山岩；5. 绿泥石化安山岩；6. 英安岩；7. 二长斑岩；8. 正长斑岩

图 2-7 大黑山侏罗系上统白音高老组（J_3b）实测剖面图

图例

1. 第四系；2. 凝灰质含砾砂岩；3. 凝灰质英安岩；4. 角闪英安岩；5. 英安岩 6. 角闪安山岩；7. 含角砾英安岩；8. 流纹岩

2.2 区域岩浆岩及其成矿作用

大兴安岭地区元古代和加里东期花岗岩主要分布于额尔古纳地块内，在锡林浩特微地块有少量晚于古代侵入杂岩分布。早古生代花岗岩主要分布于额尔古纳地块北段莫尔道嘎、塔河一带（佘宏全，2011，2012；吴福元 等，2006，2007）；海西期花岗岩分布最广，最主要分布为沿大兴安岭主脊断裂一带。燕山期花岗岩分布于大兴安岭全区，主要分布区有嵯岗－得尔布尔中生代火山－深成岩带发育，在鄂伦春褶皱带图里河－兴安里有较多独立小岩株发育。东乌旗褶皱带主要在其南段阿荣旗－五岔沟－二连一带出露（佘宏全，2013）。

2.2.1 元古代钾长花岗岩

研究区元古代花岗岩为1/25万区域地质调查时确定的，包括中、新元古代，认为凤水山片麻杂岩（Fgn）为中元古代，中基性杂岩（$Pt_3 \upsilon \delta$）和巨斑状中粒黑云母钾长花岗岩（$Pt_3 \gamma$），属花岗片麻岩类，均分布于额尔古纳地块北段的齐乾－乌玛河－奇雅河一带。1/25万区域地质调查时确定侵入岩为中、新元古代，认为凤水山片麻杂岩（Fgn）为中元古代，中基性杂岩（$Pt_3 \upsilon \delta$）和巨斑状中粒黑云母钾长花岗岩（$Pt_3 \gamma$）为新元古代。对其时代的认识主要依据赵海滨等（2005）采用单颗粒锆石测年获得的阿龙山地区的花岗片麻岩上下交点年龄（分别为1 100Ma、565Ma）；王忠等（2005）单颗粒锆石U-Pb蒸发年龄法获得的莫尔道嘎地区巨斑状钾长花岗岩锆石U-Pb蒸发年龄863Ma±15Ma，654Ma±46Ma。该花岗岩具有亏损地幔源特征，为幔源花岗岩。综合混合岩化片麻状钾长花岗岩的同位素、稀土、微量和岩石化学特征，该花岗岩可能为形成于新元古代碰撞造山的深熔花岗岩，区域上与西伯利亚岩板块在Rondinia大陆裂解时期大陆边缘的裂解和造山作用有关。

2.2.2 早古生代花岗岩

加里东期侵入岩主要位于额尔古纳地块内，在其北段阿龙山－黑龙江塔河地区有较广泛分布。根据研究报道（葛文春 等，2007），在额尔古纳地块北段的七卡、八卡、瓜地沟、黑龙江的塔河、十八站、洛古河、哈拉巴奇等地有分布。武广等（2005）在漠河县洛古河石英闪长岩单元和二长花岗岩单元的SHRIMP锆石U-Pb年龄分别为517Ma±9 Ma和504Ma±8 Ma。隋振民等（2006）获得哈拉巴奇岩体主要由二长花岗岩钾长花岗岩和花岗闪长岩的LA-ICP-MS锆石U-Pb年龄分别为500Ma±2Ma和461Ma±2Ma。吕志成等（2001）根据其岩石化学特征认为其为产于活动大陆边缘。而加里东晚期片麻状二长花岗岩为饱铝碱性系列岩石，$K_2O>Na_2O$。大兴安岭北段的花岗岩主要属于碰撞型和碰撞后花岗岩，是额尔古纳地块与兴安地块在古生代的碰撞作用的产物。

2.2.3 晚古生代侵入岩

在额尔古纳地块和兴安地块和锡林浩特岩浆岩带均非常发育，大兴安岭主脊断裂分布最为显著，岩体规模一般较大。据内蒙古自治区第一区域地质调查队、潘龙驹、罗毅飞、张宏等对本区这些岩体所测同位素年龄为244.47Ma±5.77Ma、255.38Ma±5.78Ma、230.74Ma±4.5Ma（Rb-Sr等时线）、271.20Ma。

在兴安地块，该期侵入岩体主要分布于乌尔其汗、白景山、兴安岭、乌奴尔、哈吉公社、免渡河及七十五米桥、博克图等地，呈岩基或岩株产出，呈南北向或北北东向展布。侵入岩的同位素年龄为249Ma、228.2Ma、250Ma、260Ma。据许文良等（2013）对乌奴尔花岗闪长岩所测的Rb-Sr等时线年龄为354Ma。

锡林浩特构造岩浆岩带，晚古生代侵入岩体分布广泛，沿白音敖包、锡林浩特、贺根山、索伦、神山一带断续分布，岩体受北东东向、北东向断裂控制明显。主要分布在苏尼特左旗、锡林浩特、西乌旗、嘎亥吐、科右前旗、神山等地区，岩性以正长花岗岩、花岗闪长岩、二长花岗岩、石英闪长岩为主，呈岩基、岩株产出。陈斌等（2000）对苏左旗达尔巴贵花岗闪长岩所测得锆石U-Pb同位素年龄为363Ma；锡林浩特代托吉卡山正长花岗岩的锆石U-Pb同位素年龄约为270Ma（童英等，2010；施光海等，2004）。薛怀民等（2010）对维拉斯托和拜仁达坝地区的闪长岩、石英闪长岩、花岗闪长岩所测得同位素年龄为310Ma、311Ma、319Ma；刘建峰等（2009）对西乌旗南部达其浑迪和金星石英闪长岩所测得同位素年龄为325Ma、322Ma。范中林等（2012）对锡林浩特水库地区的I型花岗岩所测得同位素年龄为317Ma；构造环境判别图中都投在火山弧+同碰撞花岗岩区，表明晚石炭世时仍存在洋壳的俯冲消减事件。刘翼飞等（2010）对拜仁达坝矿区闪长岩体所测得SHRIMP锆石同位素年龄为326.5Ma，岩体具有火山弧岩浆作用成因的特点。

大兴安岭中南段晚古生代侵入岩岩石地球化学分析资料（张玉清等，2009；刘翼飞等，2010）显示碱性花岗岩平均含SiO_2 76.02%，$Al_2O_3$12.02%，FeO 0.56%，MgO 0.29%，CaO 0.39%，Na_2O 3.64%，K_2O 4.78%，Na_2O/K_2O=0.77。闪长岩平均

含 SiO_2 58.54%~64.41%，$Al_2O_3$13.44%~18.04%，FeO3.17%~7.51%，MgO 1.16%~4.44%，CaO3.57%~5.84%，Na_2O2.25%~3.8%，K_2O1.2%~2.04%。晚古生代碱性花岗岩稀土元素总量163.4ppm~266.8ppm，平均190.07ppm。LREE/HREE 为2.49~8.5，平均为5.22。δEu为0.07~0.057，呈现弱的负铕异常。（La/Yb）N为0.898~5.168，（La/Sm）N比值变化于3.28~6.59之间。这些都反映了较强的轻稀土分馏的特点。Sm/Nd比值相近，说明本期花岗岩具有相同源区特点。稀土元素球粒陨石标准化模式见（张玉清 等，2009）。模式线呈左高右低倾斜分布型式。略有铕的负异常。

海西期研究区的主要构造事件为锡林浩特地块与兴安地块的碰撞拼合及二者结合形成的兴蒙板块与华北板块的碰撞拼合，研究区的花岗质侵入岩主要与板块的碰撞事件有关，决定了该地区花岗质侵入岩的主要为碰撞型花岗岩。本区晚古生代花岗岩属于同碰撞期或晚造山期花岗岩特征，与前面的推断一致。根据岩体的空间分布特征，大兴安岭北段和东乌旗一带花岗岩主要与兴安地块与锡林浩特地块的碰撞拼和有关，而中南段的花岗岩则主要与兴蒙板块与华北板块的碰撞有关。

2.2.4 早中生代侵入岩

大兴安岭及邻区从古亚洲洋碰撞结束之后，受蒙古鄂霍茨克洋俯冲碰撞影响逐步向太平洋构造域转化的关键时期，因此，查明该时期侵入岩浆活动的规模、动力学背景对于探讨蒙古鄂霍茨克洋活动时期具有重要意义（佘宏全 等，2011）。从空间分布上看，早中生代花岗岩在额尔古纳地块和兴安地块均有分布，但以北段为主，大体上沿着蒙古－鄂霍茨克洋缝合带南缘边界成带分布。二叠纪末期向燕山期过渡的早中生代时期，正是蒙古－鄂霍茨克洋活动（俯冲－消减）、最终碰撞闭合并向太平洋构造域转换的关键时期。

部分研究者认为额尔古纳和兴安地块在早中生代时期属于蒙古－鄂霍茨克洋南侧的被动陆缘，其依据是额尔古纳和兴安地块未见到该时期与俯冲作用有关的大规模钙碱性岩浆岩带，活动陆缘在大洋北侧，蒙古－鄂霍茨克洋向北俯冲消减。早期形成的中基性杂岩（244Ma）可能与邵济安等提出的早中生代基性岩浆岩带相似，岩体形成与早中生代软流圈隆起有关，该时期额尔古纳地块可能属被动陆缘。莫尔道嘎风水山片麻杂岩、加格达奇北部35km组的片麻状花岗岩、均质混合岩等应该为晚中生代造山后伸展形成的变质核杂岩构造，锆石U-Pb测年结果反映了原岩花岗岩的形成时代，而岩石的出露可能是晚中生代造山后大规模伸展的结果。

2.2.5　晚中生代侵入岩

额尔古纳地块燕山期侵入岩更发育，呈岩基、岩株产出，沿得尔布干断裂呈明显的带状延伸。在锡林浩特构造岩浆岩带，晚中生代侵入岩沿白音诺尔、克什克腾旗、林西、巴林左旗、乌兰浩特－索伦一带断续分布，受北东东向、北东向断裂控制明显，呈岩基、岩株状产出，体积小而分散，岩性以石英斑岩、正长花岗岩、石英闪长岩为主。江思宏等（2011）对白音诺尔矿区石英斑岩和正长花岗岩所测得LA-ICP-MS锆石U-Pb同位素年龄为129.2Ma、134.8Ma；覃峰等（2009）对克什克腾旗小东沟斑状花岗岩所测得同位素年龄142Ma；刘伟等（2007）对林西地区马鞍子山、夜来改、龙头山、小城子花岗岩体所测得SHRIMP锆石同位素年龄为146Ma、135 Ma、125Ma、127Ma。

大兴安岭中段燕山早期侵入杂岩主要分布于黑山头、下吉宝沟、甲乌拉、乌努格吐山、查干布拉根等地，多呈岩基、岩株产出。沿得尔布干断裂呈北东向展布。花岗岩侵入到塔木兰沟组的火山岩，并被满克头鄂博组、玛尼吐组火山岩不整合覆盖。同位素年龄数据主要在145Ma～185Ma之间。如小伊诺盖沟的二长花岗岩的全岩Rb-Sr等时线年龄为185.37Ma±2.33Ma，乌奴格吐山花岗岩的K-Ar年龄为176.90Ma、187Ma、198Ma（Rb-Sr等时线）。

燕山晚期的岩体侵入到塔木兰沟、满克头鄂博组、玛尼吐组、白音高老组以及中生代早期花岗岩体中。部分岩体被大磨拐河组和呼查山组覆盖。其K-Ar同位素年龄在93Ma～132Ma之间，以110Ma～132Ma为主。

晚中生代花岗岩类（林强 等，2004）中SiO_2含量为64.62%～72.15%，平均值为64.62%；Al_2O_3含量为1.76%～17.75%，平均值为13.38%，CaO含量为0.09%～5.02%，平均值为1.20%；K_2O含量为1.46%～6.01%，平均值为4.39%，Na_2O含量为0.18%～5.90%，平均值为3.97%，$K_2O > Na_2O$，K_2O/Na_2O比值0.31～33.39，平均值为1.61，大部分属于过铝质、高钾钙碱性系列。林强等（2004）研究认为大兴安岭南段碾子山有部分碱性系列花岗岩。岩石稀土元素含量以轻稀土富集为特征，$\sum REE$含量在25.94ppm～450.24ppm，LREE/HREE比值在2.63～21.80，平均值为10.87。岩石一般有较显著的Eu负异常，δEu值在0.004～0.82，平均值为0.40。

在东乌旗一带所收集的晚中生代侵入岩的地球化学分析资料显示花岗岩平均含SiO_2 73.78%，$Al_2O_3$13.47%，FeO 0.7%，MgO 0.37%，CaO 0.92%，Na_2O 3.61%，K_2O 4.79%，$Na_2O/K_2O=0.81$，AR=4.23。

晚中生代侵入岩类的微量元素（岩石/原始地幔）以富集 Cs、Rb、Th、U、K、La 等大离子不相容元素，亏损 Ba、Sr、Ti 为特征，总体上晚中生代花岗岩为西太平洋陆缘岩浆弧的内陆一侧，为陆缘弧岩浆作用产物，其源区有多元特征。

2.3 区域构造

大兴安岭地区位于华北板块北侧晚古生代陆缘增生带（IV_1）（潘桂棠 等，2009；邵积东，2016），锡林郭勒微型陆块的东侧。西伯利亚板块东南陆缘增生带（III_1）（相当于兴安地层区）又进一步划分为额尔古纳非火山型被动陆缘（III_1^1）（北西区）（相当于额尔古纳地层分区）、乌尔其汉火山型被动陆缘（III_1^2）（中部区）（相当于达来–兴隆地层分区）、东乌珠穆沁旗–扎兰屯火山型被动陆缘（III_1^3）（东南区）（相当于东乌–呼玛地层分区）三个三级构造单元；华北北部陆缘增生带（IV_1）（相当于内蒙古草原地层区）又进一步划分为宝音图–锡林浩特火山型被动陆缘（IV_1^1）（相当于锡林浩特–盘石地层分区）和镶黄旗–赤峰非火山型被动陆缘（IV_1^2）（相当于赤峰地层分区）两个三级构造单元（邵积东 等，2011）。

2.3.1 华北北部陆缘增生带

华北板块在内蒙古呈近东西向分布，其北界东部地区以二连–贺根山一线，即著名的贺根山蛇绿岩带与西伯利亚板块对接。华北板块内部又可进一步分为华北地块及华北北部陆缘增生带两个二级构造单元。根据带内地层、侵入岩及超基性岩的时空分布特征，以西拉木伦河断裂为界又可划分为二个三级构造单元。

2.3.1.1 镶黄旗–赤峰火山型被动陆缘

紧邻华北陆块北缘展布，西起镶黄旗西部，东至赤峰市以北，处于西拉木伦河以南呈一西窄东宽的狭长区域。赤峰北部一带该带被大兴安岭火山岩叠加改造强烈，空间分布形式已遭破坏。带内出露地层主要有中下奥陶统包尔汗图群由海相中基性火山熔岩、火山碎屑岩、硅质板岩、板岩夹陆源碎屑岩和碳酸盐岩组成，为活动型建造，中基性火山岩中含黄铁矿型铜矿。中志留统分布局限，为稳定型碳酸盐岩和过渡类型的浅变质碎屑岩、灰岩夹凝灰岩及变安山岩。晚志留世为稳定型礁相带系列，中生界主要出露晚侏罗世火山岩，属大兴安岭火山岩带之南段。

区内岩浆活动强烈,主要有加里东期斜长花岗岩、花岗岩、石英闪长岩及华力西期和燕山期花岗岩,特别是沿该带断续出露一条超基性岩带,已获4亿~5亿年的测年资料,属早古生代洋壳残片。

该带在赤峰地区铜、铅、锌和铅、锌矿床密布,多产于华力西期和燕山期侵入岩与古生代地层的接触部位,如小营子Ag、Pb、Zn矿床、荷尔乌苏Pb、Zn矿床、敖包山Cu、Pb、Zn矿床等。

2.3.1.2 宝音图-锡林浩特火山型被动陆缘

该带西起宝音图以西,东至锡林浩特以东,为华北北部陆缘增生带的主体。以近北东向出露的锡林浩特杂岩体为界,南北两地构造特征有所差异。

南带:位于锡林浩特杂岩体与镶黄旗-赤峰火山型被动陆缘之间,构造线呈NE向。这一造山带之西段多为上白垩统和新生界堆积物覆盖,而东段则被NNE向大兴安岭火山岩带叠加改造。带内还散布少量基底岩块,属造山带组分。

锡林浩特一带分布的燕山期花岗岩发育天河石化,其规模可观,是Nb、Ta、Li、Rb、Cs、Be、Ga等稀有、分散金属矿床的找矿靶区;林西县毡铺地区发育燕山期晶洞花岗岩,与锡矿具成矿专属性;黄岗梁一带产大型Fe-Sn矿床及Sn矿床。此外,沿该带北界及南界一带断续出露两条超基性岩或蛇绿岩带,其中南界西拉木伦河有人认为是西伯利亚板块与华北板块的对接位置,而《内蒙古地质志》主张该处是华北板块与由此分裂出去的锡林浩特中间地块的缝合部位,总之这是一个重要的构造界线。区内矿产资源丰富,集中分布于东部的乌兰浩特—巴林右旗一带,属大兴安岭多金属成矿带之中南段,矿化主要受中生代火山岩和侵入岩控制,多金属矿床、矿点分布密集。

锡林浩特杂岩体:该杂岩体分布于贺根山超基性岩带与锡林浩特南部达青牧场蛇绿岩套之间,展布范围以锡林浩特为中心,西至爱力格庙,东到霍林郭勒市以南,向东隐没于中生代大兴安岭火山岩之下。其主体构造线西部为NEE向,东部为NE向。

区内出露的基底岩系为一套中低级变质岩系。中元古界温都尔庙群出露零星,为一套经受低级变质的蛇绿岩套。下古生界仅见志留系上统,为泥页岩建造夹铁硅质岩。上古生界发育较全,以活动型和过渡型建造为主,与板块活动密切相关。早二叠世之前均为海相,晚二叠世则为陆相。东段分布大量的晚侏罗世火山岩系。侵入岩成带分布,展布方向与区域构造线一致。华力西晚期以闪长岩和斜长花岗岩为主，印支期和燕山期只发育酸性侵入岩。

区内矿产资源发现者较少，主要有锡林浩特附近的乌兰图嘎大型锗矿床，毛登锡铜矿床和查干敖包苏木大型萤石矿床等。近年来还在苏左旗一带新发现金矿点，以及锑金矿点。

北带：位于贺根山－二连浩特超基性岩带之南，锡林浩特杂岩体之北，展布于二连—西乌珠穆沁旗一线，其东延部分被大兴安岭中生代火山岩叠覆，构造线呈北东向。大兴安岭火山岩带叠置于这一造山带之上，主要由晚侏罗世火山岩组成。

出露于该造山带北界二连赛汉高毕—阿巴嘎旗—朝克乌拉—贺根山一带的蛇绿岩带是一重要的缝合带，《内蒙古地质志》及黄汲清认为，西伯利亚板块与华北板块最后在此对接。

2.3.2 西伯利亚板块

西伯利亚板块在内蒙古境内只见有东南陆缘增生带一个二级构造单元，其内又可划出三个三级构造单元，分别为额尔古纳非火山型被动陆缘（额仁陶勒盖银矿、查干布拉根铅锌银矿床、乌努格吐山铜钼矿床等）、乌尔其汉火山型被动陆缘（谢尔塔拉铁锌矿床、六一硫铁矿床、四五牧场金矿床等）及东乌旗－扎兰屯火山型被动陆缘（贺根山铬铁矿床、沙麦钨矿、朝不楞铁多金属矿、乌兰德勒、准苏吉花、乌日尼图钨钼矿床等）。

2.4　区域成矿作用

内蒙古自治区境内已探明的银矿点、矿化点，多沿华北陆块北缘东段深断裂带两侧及德尔布干断裂带之北西侧分布，集中分布在大兴安岭弧盆系，如大型的额仁陶勒盖银矿、查干布拉根银铅锌矿和中型的甲乌拉银铅锌矿，该区内矿床个数占全区矿床的52%，已探明储量占全区储量的78%。伴随印支－燕山期火山喷发活动，岩浆侵入活动亦极为强烈，矿床成矿作用主要与燕山期花岗岩浆活动有关。近年来，许多大型和超大型银多金属矿床被发现和开发，如双尖子山、敖包吐、二道河、复兴屯、花敖包特等，已引起国内外专家学者及相关科研机构的高度重视，使得该区也成为矿产普查与勘探、矿床学界研究的热点地区。

3 区域地球物理及地球化学特征

3.1 区域地球物理特征

3.1.1 岩石磁性、密度特征

各时代地层及不同时代和不同类型岩浆岩的磁性参数和密度参数是以《大兴安岭南段区域重力报告》和《内蒙古中部区区域物性调查研究报告》之附表为基础经归纳整理而成。区域地层物性参数详见表3-1。

3.1.2 区域重力场特征

内蒙古大兴安岭地区位于中国东部地区的大兴安岭-太行山-武陵山北北东向巨型重力梯度带北段，总体展布方向为北东向，这一区域总体反映为相对重力高，从东到西布格重力异常呈逐渐降低的趋势。这一区域东部的松辽盆地东侧长白山系布格重力异常值 $-60 \times 10^{-5} \sim -100 \times 10^{-5} \mathrm{m/s^2}$，为重力相对低值区，向西松辽盆地布格重力异常值 $-10 \times 10^{-5} \sim 5 \times 10^{-5} \mathrm{m/s^2}$（内蒙古境内），为重力相对高值区；在大兴安岭东缘，布格重力异常值一般为 $-10 \times 10^{-5} \sim -20 \times 10^{-5} \mathrm{m/s^2}$，为重力相对高值区，大兴安岭岭脊部位布格重力异常值 $-80 \times 10^{-5} \sim -140 \times 10^{-5} \mathrm{m/s^2}$，为重力低相对值区；大兴安岭西侧海拉尔盆地所在区域布格重力异常值 $-40 \times 10^{-5} \sim -60 \times 10^{-5} \mathrm{m/s^2}$，为相对重力相对高值区，额尔古纳布格重力异常值 $-80 \times 10^{-5} \sim -115 \times 10^{-5} \mathrm{m/s^2}$，为重力相对低值区。可见布格重力异常值总体特征是从东到西呈波浪式下降，即相邻地区地形低布格重力值则高，而地形高布格重力值则低，因此推测该地区布格重力异常为镜像异常区。而该区的地幔深度由东到西总体逐渐变深，可见二者具有内在的联系。

本区东部地区存在一条巨型深部构造变异常-莫霍面陡倾带，布格重力异常值从嫩江西岸的 $5 \times 10^{-5} \mathrm{m/s^2}$，到大兴安岭西坡骤降到 $-70 \times 10^{-5} \mathrm{m/s^2}$，布格重力异常值下降幅度达 $80 \times 10^{-5} \mathrm{m/s^2}$，下降梯度约 $0.7 \times 10^{-5} \sim 1 \times 10^{-5} \mathrm{m \cdot s^{-2}/km}$（常忠耀 等，2007）。在大兴安岭重力梯度带上分布着跳跃型磁场，推断大兴安岭巨型宽条带重力梯度带同时也是一条超地壳深大断裂带的反映，是环太平洋构造运动的结果，沿其侵入了大量的中新生界中酸性岩浆岩并喷发、喷溢了大量的中新生界火山岩。

表3-1　内蒙古中东部区域地层物性参数汇总表

界	系（群）	代号	岩性	块数	$K(10^{-6}\cdot4\pi SI)$			$Jr(10^{-3}A/m)$			$\sigma(10^3 kg/m)$		
					统（组）均值	范围	均值	统（组）均值	范围	均值	统（组）均值	范围	均值
新生界	第四系	Q	玄武岩	135	600	170~3390	51	1600	220~12500	111	1.56		1.56
	第三系		砂岩、砂砾岩、泥岩	445							2.61		2.61
中生界	白垩系	K₂	砂泥岩、泥岩、砂岩	36	1	0~10	90	1	0~10	190	1.90	1.22~2.66	2.28
		K₁	碎屑岩	304	187	0~1510		383	110~2560		2.34	1.48~2.89	
	侏罗系	J₃	火山岩、熔屑岩、碎屑岩	128	1150Δ640	1~940	207	2740Δ1950	1~30900	866	2.50	1.45~2.70	2.50
		J₂	碎屑岩夹灰岩	101	30	0~568		1	0~10		2.42	1.43~2.69	
		J₁	砂岩、砾岩、页岩	173	10	0~196		4	0~163		2.51	1.49~2.94	
	三叠系	T₃	砂岩、泥岩	47	600	6~24090	173	50	0~1780	14	2.31	1.44~2.58	2.27
		T₂	砂岩、泥岩	62	2	0~10		2	0~59		1.85	1.48~2.73	
		T₁	砂岩、砾岩	67	4	0~20			0~10		2.28	1.46~2.90	
古生界	二叠系	P₂	火山碎屑岩、碎屑岩	187	480°/310	0~15500	174	2380°/710	0~11700	444	2.53	2.04~2.78	2.57
		P₁	碎屑岩、灰岩	386	500Δ/40	0~8850		2400Δ/180	0~51200		2.62	2.11~2.90	
	石炭系	C₂	中性火山岩、火山碎屑岩、板岩、灰岩	226	820°/260	0~7730	92	3090°/825	0~53000	279	2.61	2.72~2.95	2.62
		C₁	碎屑岩、千枚岩、板岩、灰岩	32	3	0~30		10	1~74		2.61	2.34~2.87	
	泥盆系	D₃	火山碎屑岩、板岩、角岩	128	20	1~64	50	30	1~963	99	2.66	2.22~2.84	2.65
		D₂	碎屑岩、火山碎屑岩	96	640Δ/90	0~4380		970Δ/250	0~11300		2.60	2.55~2.82	
		D₁	碎屑岩、火山碎屑岩	126	30	0~1050		20	0~2650		2.68	2.31~3.10	
	志留系	S₃	砂板岩、灰岩、碎屑岩	399	80	0~6140	10.3	110	0~15000	665	2.65	2.50~2.68	2.63
		S₁₋₂	板岩、砂岩	16	130	0~1160		1220	0~11390		2.61		

续　表

界	系（群）	代号	岩性	块数	$K(10^{-6}\cdot4\pi SI)$ 统（组）均值	范围	均值	$Jr(10^{-3}A/m)$ 统（组）均值	范围	均值	$\sigma(10^3 kg/m)$ 统（组）均值	范围	均值
古生界	奥陶系	O_3	碳酸盐岩	65	2	0~10	94	2	0~10	45	2.78	2.58~2.84	2.73
		O_2	碎屑岩、火山岩、砂岩、灰岩	124	1290△/260	0~7230		630△/130	0~22700		2.65	2.54~2.87	
	奥陶系	O_1	火山碎屑岩	159	20	0~722		10	0~102		2.84△/2.74	2.52~3.27	
	寒武系	$\in_3$	灰岩	137	3	0~24	3	2	0~24	3	2.72	2.33~2.85	2.64
		$\in_2$	碳酸盐岩	117	2	0~23		2	0~14		2.67	2.30~2.81	
		$\in_1$	页岩、砂岩、灰岩	103	3	0~10		5	0~33		2.55	1.82~2.86	
	温都尔庙群		基性火山岩、绿片岩	134	250	1~4300		110	0~5980		2.71	2.36~3.77	
元古界	佳疙瘩群	Pt_3	碎屑岩、中性火山岩										
	兴华渡口群	Pt_1	碎屑岩、碳酸盐岩、绿片岩		110	0~270		10	0~70		2.70		2.66
	宝音图群	Pt_1	石英岩、片岩、片麻岩			0~3170			0~350		2.66	2.45~3.29	

3.1.3　区域磁场特征

按照磁场特征，内蒙古大兴安岭地区大致可分为四个磁异常区。

1.得尔布尔磁异常区：位于得尔布尔断裂带西侧，磁异常多呈狭长带状相间排列，正负相伴，呈北东向延伸，场值一般为100nT～400nT，负异常值为−100nT～−200nT。与相间排列的正负磁异常相对应的有花岗岩类和中基性火山岩带广泛分布，可能是引起磁异常的主要原因。得尔布尔断裂是西伯利亚板块早古生代陆缘活动带，蛇绿岩套成带状分布是引起磁异常的原因之一。

2.海拉尔-牙克石磁异常区：位于海拉尔盆地和乌奴尔—沙尔乌苏一线以北，西界为得尔布尔断裂，东界为伊尔施-鄂伦春断裂。航磁异常图上，以平静的负磁异常为主要特色，在负磁场背景上分布有北北东向延伸的狭长带状异常，强度一般为100nT～200nT，在乌奴尔—沙尔乌苏一线以北，负磁场背景上分布有较杂乱的正负相伴磁异常，$\triangle T$为100nT～200nT，负磁异常$\triangle T$为−100nT～−200nT。

负背景场磁异常主要为前寒武纪弱磁性基底构造层引起，这与航磁异常上延10km等值线图上平静的零值偏负磁场面貌是一致的。局部北东向条带状磁异常和正负相伴的杂乱磁异常，可能是基性熔岩和火山岩所致。

3.大兴安岭磁异常区：大致位于额尔古纳—阿尔山—西乌旗一线以东，嫩江—白城—开鲁一线以西地区，南界为西拉木伦河断裂，北界在黑龙江境内。航磁异常图上，以强磁背景场上出现剧烈变化的杂乱正负相伴的磁异常为主，正负磁异常多呈环状或串珠状展布，正负磁异常峰值跳跃变化，频繁交替，场值一般为200nT～600nT，负异常为−200nT～−400nT，$\triangle Tmax=800nT～1200nT$，$\triangle Tmin=−600nT～−1000nT$，总体呈北东向展布，场值有北高南低、东高西低的趋势。

其中，在西乌旗—霍林郭勒—杜尔基以南，林西—巴林左旗—舍伯吐以北地区，以负磁异常为主，磁场开阔稳定，强度一般为−100nT～−200nT，局部见有100nT～200nT的正磁异常，该负磁异常带大致与艾力格庙—锡林浩特元古代地块的东段相吻合。大兴安岭异常区，与大兴安岭火山岩分布区基本一致，区内大面积广泛分布侏罗系火山岩和华力西期花岗岩，前寒武纪兴华渡口群、锡林浩特杂岩、佳疙瘩群零星出露，古生界（O_2、D_2、C_3、P_2）等地层不均匀分布，均夹有较强磁性的中基性火山岩夹层。侏罗纪火山岩具有较强磁性，是引起剧烈变化、正负相伴杂乱磁异常的主要原因。与锡林浩特元古代地块东段相对应的稳定的负磁异常区，为弱磁性的元古代磁性基底构造层所致。

4.嫩江–龙江、白城–开鲁磁异常带：位于嫩江—白城—开鲁一线以东，内蒙古东部边缘地区，为一弱磁异常带，呈北东向延伸，其中开鲁盆地范围较大，为平静的负磁异常区，强度–100nT～–200nT，局部正磁异常强度100nT～200nT。该带为松辽前寒武板块西缘，基底为弱磁性前寒武磁性基底构造层，并有花岗岩（华力西期和燕山期）断续分布。推断该磁力低值异常带主要为弱磁性基底所致，局部环状和带状低磁异常，为花岗岩岩体引起。

3.2　区域地球化学特征

内蒙古大兴安岭地区主要涉及半干旱草原、森林沼泽等自然景观区，化探采样介质以水系沉积物、土壤样品为主。就Ag元素地球化学场分布特征来看，高值区主要分布于锡林浩特–西乌旗–大石寨、二连–东乌旗和莫尔道嘎–根河–鄂伦春地球化学分区内，高值区规模很大。

1.二连–东乌旗地球化学分区：Ag元素呈大面积的低值区及背景分布，高值区主要分布于查干敖包庙–台吉乌苏–阿拉担宝拉格一带，Ag异常多呈北东向或近东西向展布，高值区对应于乌宾敖包组、泥鳅河组、宝力高庙组。东乌旗地区已发现朝不楞、阿尔哈达、查干敖包等多处多金属矿床。

2.锡林浩特–西乌旗–大石寨地球化学分区：高值区规模很大，呈北东—南西向展布，高强度的Ag异常沿锡林浩特–西乌珠穆沁旗–科右中旗、克什克腾旗–林西–五十家子一带分布，该区位于Pb、Zn、Ag、Fe、Sn、REE三级成矿带上，对应地质体为下元古界宝音图群、石炭、二叠、侏罗系地层以及华力西期、燕山期酸性岩体。低值区小范围的分布于西南部和巴雅尔吐胡硕镇–扎鲁特旗一带。该区内已发现大量的大中型银铅锌矿床，是自治区内银矿的主产地。

3.莫尔道嘎–根河–鄂伦春地球化学分区：Ag高值区范围较大，呈北东—南西向展布，分布于新巴尔虎右旗、古利库、太平庄周围和牙克石–甘河–劲松镇一带，高值区对应于中侏罗统满克头鄂博组、上侏罗统玛尼吐组、下白垩统梅勒图组、甘河组酸性火山熔岩、火山碎屑沉积岩、火山角砾岩。低值区小范围的分布于北部瓜地一带和东部部分地区。

就Ag元素在主要地质单元分布特征来看，内蒙古大兴安岭地区二叠系、奥陶系和侏罗系地层含量最高，三级浓度系数大于1（张梅，2011），说明Ag元素在以上地质体中相对于全区呈富集状态，易于成矿，这与全区已发现银矿床（点）所在地层相吻合。同时，变异系数大于3（张梅，2011），可见Ag元素在以上地质单元中不仅含量较全区高，而且分布还特别不均匀，易于富集成矿，是进行矿产预测和潜力评价的重点地段。

3.2.1 元素丰度特征

研究区地球化学分区隶属于锡林浩特－西乌旗－大石寨地球化学分区。与大兴安岭地区区域背景值［L–50–（35）白塔子庙幅、L–50–（36）协里府1：20万化探］进行对比，各元素特征参数见下表3-2。

表3-2 区域矿产地质调查1：5万化探元素参数统计表

元素	研究区背景值	区域化探背景值	研究区变异系数（Cv）	研究区富集系数（k）	陆壳元素含量K.H.Wedepoh	半干旱荒漠区水系沉积物
Au	0.61	0.69	2.41	0.88	2.5	0.75
Ag	0.11	0.11	2.36	1.0	0.07	0.08
As	13.91	20	1.82	0.70	1.7	9.42
Sb	1.37	0.82	1.23	1.67	0.3	0.53
Cu	14.45	13.2	1.41	1.09	25	12.8
Pb	24.09	23.2	7.01	1.04	14.8	20.71
Zn	57.5	67	1.48	0.86	65	52.56
Ni	16.21	11.9	0.71	1.36	56	14.47
Mn	518	488	1.73	1.06	716	475
Cd	0.16	0.07	3.75	2.28	0.1	0.08
W	1.35	1.61	0.90	0.84	1.0	1.31
Sn	3.51	3.5	1.52	1.0	2.3	2.03
Mo	1.05	0.93	1.38	1.13	1.1	0.85
Bi	0.40	0.44	5.03	0.91	0.08	0.21

注：Au元素含量单位为$\times 10^{-9}$，其余元素含量单位为$\times 10^{-6}$；富集系数k为研究区背景值／区域化探背景值；变异系数（Cv）为研究区标准离差／平均值。

通过上表可以看出，在14种元素中，研究区高于区域背景值的元素为Cu、Pb、Mo、Ni、Mn、Sb、Cd等，说明这些元素在区内相对富集，是一个富集亲硫、铁族元素的地区。成矿元素上，是一个富集亲铜元素和钨钼族元素的地区。与半干旱荒漠区水系沉积物均值比较，除Au元素外，其他元素的背景值都高于半干旱荒漠区水系沉积物均值，表明这些元素在昆都一带都是富集元素。因此，该区 Ag、Pb、Cu、Mo、Sb、Cd 等元素的高含量是形成岩浆热液活动有关矿产的重要条件。

3.2.2 元素富集和分异特征

从主要地质单元元素的分布特征表 3-3 可以看出，各地质单元元素的富集系数在 0.32 至 2.67 之间，参照 0.8、1.0 为富集系数，划分为贫化元素、背景元素、富集元素；依据变异系数在 0.25 至 5.03 之间，参照 0.5、1.0 为分异系数，划分为未分异元素、弱分异元素、强分异元素。

3.2.2.1 第四系全新统（Q_4）

总的看，第四系元素背景与研究区元素背景大体相当，第四系可视为研究区各岩系的混均物。以 Cu、Ni、Mn 元素富集为特征，说明这三个元素在第四系中有次富集现象。

3.2.2.2 侏罗系白音高老组（J_3b）

以较富集 Mo 等元素，贫化 As、Cd、Bi、Cu、Ni、Pb、Sb、Sn 等元素为特征，Au、Ag、Zn、W、Mn 等元素呈背景含量。其中 Au 元素具有明显的分异特征，呈明显的不均匀性分布；Ag、As、Bi、Mo、Sb、Ni 具有弱分异性特征，呈较不均匀性分布；Cd、Cu、Pb、Zn、Mn、W、Sn 为未分异元素，分布相对较均匀。该组地层中 Au 元素相对来说丰度较高，变异系数较大，对成矿有利。

3.2.2.3 侏罗系满克头鄂博组和玛尼吐组（J_3mk+mn）

以富集 Cd 元素，其余元素为背景含量为特征。在元素含量变化上，Au、Ag、As、Cd、Mn、Cu、Sn、Bi 等元素具有明显的分异特征，呈明显的不均匀性分布；Mo、Sb、Pb、Ni 等具有弱分异特征，呈较不均匀性分布；Zn、W 为未分异元素，分布相对较均匀。该组地层中主要成矿元素 Au、Ag、Cu 等虽然相对全区而言含量较低，但变异系数较大，具有一定的成矿潜力。

3.2.2.4 侏罗系新民组（J_2x）

以较富集 Au 等元素，贫 As、Sb、Pb、Bi 等元素为特征，Ag、Cu、Mo、Cd、Ni、Zn、W、Sn 等元素以背景区为主。在元素含量变化上，Ag、As、Cd、Mn、Sn

表3-3 各地质单元中元素参数统计表

地质单元	参数	Au	Ag	Cu	Pb	Zn	Cd	Mn	As	Sb	W	Sn	Mo	Bi	Ni
1.第四系	$\overline{X}$	0.62	0.1	15.96	24.2	54.7	0.15	572	14.3	1.4	1.31	3.29	0.99	0.35	18.7
	S	1.55	0.19	10.9	159.3	78.3	0.43	1247	21.8	1.73	0.7	5.31	1.85	1.2	11
	Cv	2.5	1.9	0.68	6.59	1.43	2.87	2.18	1.53	1.24	0.53	1.61	1.87	3.43	0.59
	q	1.01	0.9	1.1	1	0.95	0.93	1.1	1.02	1.02	0.97	0.93	0.94	0.87	1.15
2.白音高老组	$\overline{X}$	0.66	0.1	10.8	16.45	51.7	0.09	510	7.33	1.03	1.27	2.74	1.34	0.13	11.2
	S	0.78	0.09	4.78	5.54	12.9	0.04	208	6.49	0.85	0.44	0.99	1.17	0.07	5.78
	Cv	1.18	0.9	0.44	0.34	0.25	0.44	0.41	0.89	0.83	0.35	0.36	0.87	0.54	0.52
	q	1.08	0.9	0.74	0.68	0.89	0.56	0.98	0.53	0.75	0.94	0.78	1.27	0.32	0.68
3.满克头鄂博组	$\overline{X}$	0.52	0.11	13.3	19.6	58	0.17	503	11.4	1.26	1.38	3.41	1.07	0.35	13.3
	S	1.14	0.29	28	18.3	52	0.73	922	21.6	1.04	1.62	3.43	1.25	1.3	8.79
	Cv	2.19	2.64	2.11	0.93	0.9	4.29	1.83	1.89	0.83	1.17	1.01	1.17	3.71	0.66
	q	0.85	1	0.92	0.81	1.01	1.06	0.97	0.82	0.92	1.02	0.97	1.01	0.85	0.81
4.新民组	$\overline{X}$	0.69	0.11	12.8	18.3	52.2	0.15	460	10.6	0.98	1.15	2.97	1.06	0.19	16.3
	S	0.54	0.21	7.95	13.8	25.2	0.32	548	14.2	0.87	0.49	3.8	1.04	0.11	11.4
	Cv	0.78	1.91	0.62	0.76	0.48	2.13	1.19	1.34	0.89	0.43	1.28	0.98	0.58	0.7
	q	1.13	1	0.88	0.76	0.91	0.93	0.88	0.76	0.72	0.85	0.84	1.01	0.47	1.01
5.林西组	$\overline{X}$	0.8	0.1	20.8	61.8	81.9	0.24	611	22.2	2.18	1.51	5.94	1.32	1.07	24.6
	S	2.08	0.14	19.1	511.3	228.4	1.02	467	49.2	2.93	0.98	131	2.14	5.58	13.4
	Cv	2.6	1.4	0.92	8.27	2.79	4.25	0.76	1.53	1.34	0.65	2.2	1.62	5.21	0.54
	q	1.31	0.9	1.43	2.56	1.42	1.5	1.17	2.31	1.59	1.11	1.69	1.25	2.67	1.51

续 表

地质单元	参数	Au	Ag	Cu	Pb	Zn	Cd	Mn	As	Sb	W	Sn	Mo	Bi	Ni
6. 哲斯组	$\overline{X}$	0.97	0.15	20.4	22.7	65.9	0.19	585	19.7	2.83	1.53	3.55	0.88	0.52	30.6
	S	2.86	0.68	12.6	16.5	30.4	0.17	282	27.9	3.53	0.85	2.44	0.73	2.49	17.7
	Cv	2.94	4.53	0.62	0.73	0.46	0.89	0.48	1.42	1.25	0.56	0.69	0.83	4.79	0.58
	q	1.59	1.36	1.41	0.94	1.15	1.19	1.13	1.41	2.07	1.13	1.01	0.84	1.3	1.89
7. γ、γβ、ζγ	$\overline{X}$	0.57	0.11	9.66	18.5	43.8	0.13	376	8.99	0.72	1.24	3.04	0.9	0.33	9.82
	S	1.5	0.15	6.48	15.4	28.1	0.09	210	18.2	0.62	1.16	2.42	0.65	0.63	8.49
	Cv	2.63	1.36	0.67	0.83	0.64	0.69	0.56	2.03	0.86	0.94	0.8	0.72	1.91	0.86
	q	0.93	1	0.66	0.77	0.76	0.81	0.72	0.64	0.52	0.92	0.86	0.85	0.82	0.61
8. ε、επ	$\overline{X}$	0.48	0.08	11	15.6	51.6	0.07	429	20.8	1.2	1.25	3.41	1.2	0.27	12.2
	S	0.31	0.03	8.8	5.27	15.1	0.05	184	27.5	0.69	0.62	0.88	0.65	0.34	8.2
	Cv	0.65	0.38	0.8	0.34	0.29	0.71	0.43	1.32	0.58	0.5	0.26	0.54	1.26	0.67
	q	0.78	0.78	0.76	0.64	0.89	0.43	0.82	1.49	0.88	0.92	0.97	1.14	0.67	0.75
区域背景值	$\overline{X}$	0.69	0.11	13.2	23.2	67	0.07	488	20	0.82	1.61	3.5	0.93	0.44	11.9

注：Au 元素含量单位为 $\times 10^{-9}$，其余元素含量单位为 $\times 10^{-6}$。富集系数 q 为研究区背景值／区域化探背景值；变异系数（Cv）为研究区标准离差／平均值。

等元素具有强分异特征，呈明显的不均匀性分布；Au、Bi、Cu、Mo、Ni、Pb、Sb 等元素具有弱分异性，呈较不均匀性分布；Zn、W 为未分异元素，分布相对较均匀。

3.2.2.5 二叠系哲斯组和大石寨组（P_1z、P_3l）

与全区平均含量对比，在大石寨组地层中 Pb、Bi、Cd、Zn、Au、Sn、Mo、As、Ag、Sb 等元素具有强分异特征，呈明显的不均匀性分布；Cu、Ni、W、Mn 等元素具有弱分异特征，呈较不均匀性分布。在哲斯组地层中 Au、Ag、As、Bi、Sb 等元素具有强分异特征；Cu、Mo、Pb 等元素具有弱分异特征，呈较不均匀性分布；Zn、Mn 为未分异元素，分布相对较均匀。

在大石寨组地层中，Pb、Zn、Au、Cu、Mo、Sn 丰度较高且变化系数较大，是成矿潜力较大的元素。As、Sb、Bi、Cd 等元素富集特征明显，具有明显的强分异特性，具有中高温元素成矿的指示元素特点，与热液活动关系密切，注意寻找与构造和岩浆活动有关的矿床。

在哲斯组地层中，Au、Ag、Cu 元素富集特征明显，具有明显的强分异特性，是成矿潜力较大的元素。As、Sb、Bi、Cd 等元素富集特征明显，具有明显的强分异特性，具有中低温成矿指示元素特点，与热液活动关系密切，注意寻找与构造和岩浆期后热液活动有关的矿床。

综上所述，二叠系地层具有显著富集亲铜元素和铁族元素特点，以明显的亲铜元素含量变化为分布特征，是富含亲铜元素和铁族元素的矿源地层。

3.2.2.6 燕山岩浆岩

该期岩浆活动频繁，研究区内小岩珠出露较多，出露面积都比较小，有黑云母花岗岩、正长花岗岩、花岗岩、正长岩、正长斑岩等。就整个研究区而言，几乎所有元素相对都较为贫化，以低背景、背景区为主，只有 Mo、As 两元素在正长岩和正长斑岩中相对富集系数大于 1，以高背景区为主，局部有富集。

该期黑云母花岗岩、正长花岗岩、花岗岩中元素丰度与区域丰度相比虽然偏低，但 Au、Ag、As、Bi 元素变异系数都比较大，说明这些元素在黑云母花岗岩、正长花岗岩、花岗岩中有明显的不均一性，因此，这些元素有利于矿床的形成。

4 典型银多金属矿床成因分析及成矿模式

大兴安岭地区是中国北方著名的有色金属基地，也是重要的银多金属矿床集中分布的地区之一。与陆相火山-次火山热液有关银多金属矿床银多金属矿是大兴安岭地区银矿主要类型，岩浆热液型矿床主要分布于大兴安岭中南段，包括拜仁达坝、花敖包特、额仁陶勒盖、二道河、双尖子山、孟恩陶勒盖等银多金属矿床，成矿与印支期-燕山期的岩浆活动有关。银多与金、铅锌等多金属共生、伴生，单独银矿较少。选择区域上与研究区位置密切相关的或具有代表性银多金属典型矿床，对研究大兴安岭地区的矿床成矿要素，构建典型矿床的找矿模型具有重要意义。根据矿产预测类型划分，大兴安岭地区银多金属矿主要涉及矿产类型有岩浆热液型银矿、陆相火山次火山（热液）型银矿、矽卡岩型（接触交代-热液型）等（表4-1）。

表4-1　银矿典型矿床类型一览表

矿产类型		典型矿床
岩浆热液型		拜仁达坝、孟恩陶勒盖、花敖包特、额仁陶勒盖、二道河、双尖子山
陆相火山次火山（热液）型		官地、比利亚古、吉林宝力格
共伴生	岩浆热液型	金厂沟梁
	矽卡岩型（接触交代-热液型）	扎木钦、白音诺尔、余家窝铺

4.1　双尖子山银多金属矿床

内蒙古巴林左旗富河镇双尖子山矿床是近年来在大兴安岭中南段新发现的一处超大型矿床，是迄今为止中国乃至亚洲找到的最大规模的银多金属矿床。截至2013年底探得该矿床各种资源量：Ag 2.6×10^4t，Pb 1.1Mt，Zn 3.3Mt（匡永生 等，2014），平均品位分别为137.67g/t、0.45%、1.91%。

4.1.1　矿床地质特征

4.1.1.1　地层

矿层区出露的地层主要有中二叠统大石寨组（P_2d）、中侏罗统新民组（J_2x）及第四系全新统（Qh^spl）。大石寨组在矿区内分布面积较大（图4-1），主要岩性组合为板岩、凝灰岩及变质粉砂岩等，属于主要赋矿围岩。新民组主要分布在兴隆山东南部，主要岩性组合为凝灰岩、粉砂岩等。

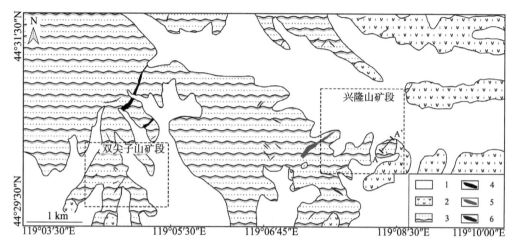

1.第四系；2.侏罗系凝灰岩夹砂岩、粉砂岩；3.下二叠统大石寨组板岩夹凝灰岩；4.花岗闪长斑岩脉；
5.花岗岩脉；6.银铅锌矿体

图4-1 双尖子山银多金属矿区地质简图

资料来源：欧阳荷根等（2016）。

4.1.1.2 岩浆岩

燕山早期细粒闪长岩、闪长玢岩体及其同源小侵入体和脉岩为成矿热源（王文政 等，2014）。

4.1.1.3 构造

区内大石寨组总体呈单斜构造产出，总体走向呈北东向，倾向北西，倾角一般55°～60°。北西向断裂构造带为区内的主要容矿控矿构造，银多金属矿脉主要受该断裂构造带控制。闪长玢岩脉沿北东向断裂构造带贯入，发育浸染状黄铁矿及星散状闪锌矿（江彪 等，2015）。

4.1.2 矿体特征

矿区分东、西两个矿段，即兴隆山矿段、双尖山矿段，彼此相距4.7km。

西矿段初步查明1条矿体，赋矿层位为大石寨组安山质角砾凝灰岩及泥质板岩过渡带。矿体呈脉状受30°～210°裂隙控制。含矿围岩以绿泥石化最强，依次为程度不同的褐铁矿化、硅化、绿帘石化。近矿体下盘见闪长玢岩脉顺岩层间贯入，未对矿体产生破坏作用。赋矿露头具明显的褐铁矿化，见类蜂窝状褐铁矿铁帽。除高铁含量外含一定锰质。

矿体总体走向30°～34°，倾向南东，倾角60°～68°。矿体赋存于大石寨组（P_2d）安山质（含角砾）凝灰岩与泥质板岩中的压扭性裂隙内，形成一定宽度的褐铁矿化、硅化、绿泥石化、绿帘石化蚀变岩。地表控制矿体长230m，矿体厚度2.60～4.52m，矿体平均厚度3.53m。矿石品位地表单样Pb 0.31%～1.39%、Zn 0.24%～0.98%、Ag 10.39%～98.75g/t，工程加权平均品位Pb 0.95%、Zn 0.60%、Ag 65.76g/t。深部单样矿石品位：Pb 0.09%～3.56%，Zn 0.11%～3.30%，Ag 17.80～1636g/t。工程加权平均品位：Pb 1.16%，Zn 0.90%，Ag 92.21g/t。

东矿段地势较平缓，地貌起伏变化不大。钻孔证实矿脉群呈隐伏雁行式，受132°～312°糜棱岩带控制，脉群内共有矿脉41条，其中16条脉赋存铅锌、银矿体。含矿（矿化）直接围岩以大石寨组深灰色泥质板岩占主导地位，但对地层没有绝对选择性。在闪长玢岩中也含有星点状黄铁矿、方铅矿及少量闪锌矿，矿体与围岩界线不明显，靠样品圈定矿体边界。推测韧性剪切带宽度大于600m，长度大于2km。东矿段16条矿脉中初步查明银矿体30个，含银铅锌矿体23个，总计53个。矿体赋存标高在832～306m之间，相对赋存标高差526m。地表距隐伏矿体的顶部约35～370m左右。主要矿体赋存标高在400～800m中，37号含银铅锌矿体埋深最大。东矿段地层岩石具面状蚀变，带状矿化，仅局限于糜棱岩带内。该矿段分布于北西向韧性剪切带中，含矿（矿化）带长大于1 800m，斜列式脉状（似层状）平行展布。矿脉形态简单，少有分枝复合、分叉尖灭，目前初步控制了100多条矿脉，总体走向310°左右（图3-2），倾向42°，倾角50°～60°，一般多为55°左右，少数矿体倾角具有一定的变化，其中最缓部位44°，最陡64°（吴冠斌，2014；王承洋，2015）。赋矿围岩主要是大石寨组深灰色泥质板岩、粉砂质板岩，局部糜棱岩化较强，与银铅锌矿富集有正相关性。矿脉中单个样品含银最高（32号脉）3 167.42g/t，最低2.33g/t，平均180.82g/t；Zn最高11.97%，最低0.01%，平均0.42%；Pb最高21.53%，最低0.04%，平均2.48%；Zn、Pb比为0.17：1（郑广瑞，2010）。

东、西两矿段皆分布在大石寨组（P_2d）粉砂质－泥质板岩中，但矿床成因不尽相同，由于糜棱岩带的存在，东矿段成矿时、空优于西矿段。

4.1.3 围岩蚀变

矿脉普遍发育绿泥石化、方铅矿化、闪锌矿化、高岭土化、硅化、叶腊石化、黄铁矿化，其中最重要的围岩蚀变为闪锌矿化、绿泥石化（张超，2017）。

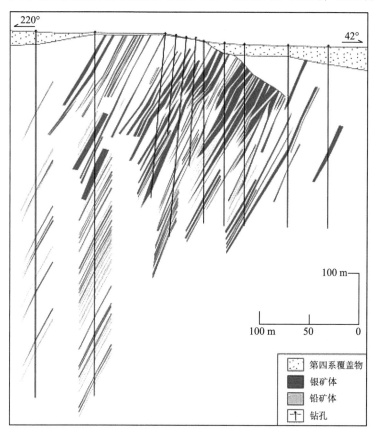

图 4-2 双尖子山 3 号勘查线地质剖面图

4.1.4 矿石特征

矿石中以银矿物为主，其次有方铅矿、闪锌矿、黄铁矿等。

矿石结构构造：主要他形、半自形粒状结构、残余结构、包含结构等。

矿石构造：浸染状构造；条带状构造；块状、致密块状构造等。

4.1.5 矿床成因

吴冠斌等（2013）利用闪锌矿 Rb-Sr 同位素测得双尖子山银多金属矿成矿年龄为 132.7Ma+3.9Ma，形成于早白垩时期。顾玉超等（2017）通过锆石 SHRTMPU-Pb

定年，得到双尖子山银多金属矿床花岗斑岩加权平均年龄为133.4Ma±1.2Ma，二者年龄基本一致，为大兴安岭南段早白垩世大规模岩浆活动作用和同期成矿作用产物。欧阳荷根等（2016）则认为银多金属矿化与斑状花岗岩有关，U–Pb测年获知成岩年龄为159.3Ma±2.3Ma。而王丰翔等（2016）通过对与银多金属共生的绢云母$^{40}Ar/^{39}Ar$同位素年龄和辉钼矿Re/Os模式年龄测定，分别得到146.9Ma±1.9Ma和162.6Ma±2.6Ma，因此得出双尖子山银多金属矿床为多期次叠加的岩浆热液型矿床。次年据锆石LA–ICP–MSU–Pb测年结果确定双尖子山地区岩浆活动主要分三个阶段：262Ma～238Ma、169Ma～159Ma和142Ma～131Ma，主要集中在晚二叠世—早三叠世、中–晚侏罗世和早白垩世三个高峰阶段（王丰翔，2017）。

4.1.6　成矿模式

大兴安岭中南段绝大多数Ag多金属矿床集中分布于大兴安岭幔枝构造的轴部，是幔枝构造成矿的典型实例（图4-3）（牛树银 等，2005）。在伸展造山作用下，地壳减薄、深部岩浆上侵，构造–岩浆活动频发，成矿元素活化、再富集的地质成矿条件（周顶，2014）；在深部物质流自下而上迁移的同时，也会部分萃取围岩成分，而后将其带到环境适宜部位成矿（张国腾，2017）。成矿流体由多期次的岩浆水与少量下渗的大气降水混合形成。随着幔枝体系带来的深部流体中成分沉淀，矿床经历了多期次矿化。地表断裂交汇处及岩体与围岩接触地带为矿体形成优选部位（张国腾，2017）。

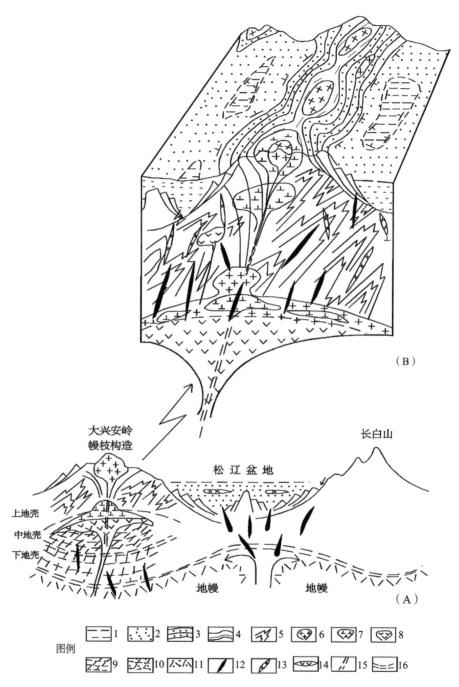

（B）

（A）

图例

1 2 3 4 5 6 7 8

9 10 11 12 13 14 15 16

A：盆-山模式图、B：大兴安岭中南段成矿模式图
1.现代沉积盆地；2.新生界；3.中生界；4.二叠变形变质地层；5.变质基底；6.酸性侵入岩；
7.中性侵入岩；8.基性侵入岩；9.中地壳；10.下地壳；11.地幔；12.基性岩墙；13.中酸性岩墙；
14.层状玄武岩；15.韧性剪切带；16.壳幔间拆离带及壳间滑脱带

图4-3 大兴安岭地区幔枝构造成矿模式图

资料来源：牛树银等（2008）。

4.2　敖包吐银多金属矿床

敖包吐银多金属矿床（图4-4）位于敖尔盖－大井子铜、铅、锌、银成矿带北东部，行政区划隶属于阿鲁科尔沁旗昆都镇灯根嘎查，西南距昆都等四幅1：5000矿产地质调查研究区20km左右。于2017年由内蒙古坤宏矿业开发有限责任公司建成投产。目前探明矿石储量为729.83 × 10⁴t，金属量：Pb12.9 × 10⁴t；Zn 21.54 × 10⁴t；Ag 456.4t，为一中型银多金属矿床。

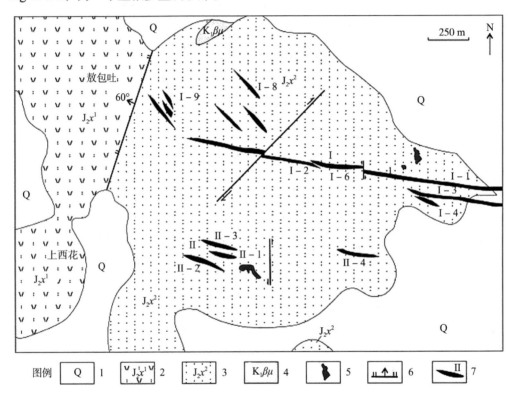

图例　| Q | 1　| J₂x¹ | 2　| J₂x² | 3　| K₁βμ | 4　| ▮ | 5　| ↥↑ | 6　| ▬ | II 7

1.第四系；2.新民组下段岩屑晶屑凝灰岩；3.新民组上段凝灰质砂砾岩、凝灰质细砂岩；4.安山玢岩；
5.花岗闪长斑岩；6.断层；7.矿体及编号

图 4-4　敖包吐银多金属矿区地质简图

资料来源：董旭舟（2014）。

4.2.1　矿床地质特征

4.2.1.1　地层

矿区中侏罗系新民组（J₂x）大面积分布，划分二个岩性段：下段（J₂x¹）由岩屑晶屑凝灰岩等组成；上段（J_2x^2）由凝灰质砂砾岩和凝灰质细砂岩等组成，是主要的赋矿地层。

4.2.1.2 岩浆岩

区内火山-岩浆活动强烈，晚侏罗世晚期轻碎裂强云英岩化黄铁矿化花岗闪长斑岩与成矿密切相关。

4.2.1.3 构造

矿体发育在近东西向构造破碎带内，是本区的导矿和容矿构造，两条北东向逆断层截切矿体和矿化体（韩志敏 等，2016）。

4.2.2 矿体特征

主要由两个矿化带组成，Ⅰ号矿带为矿区主矿带，出露于区域中部。地表平均品位Pb+Zn2.82%，Ag 91g/t。深部由钻探工程控制（图4-5），矿体平均厚度1.33m，最高品位Ag 230g/t，Pb+Zn 6.84%，Cu 0.21%（白翠霞 等，2010）。总体来说，矿体规模较大，走向北北东向或北向，矿体形态相对比较规则，深部有尖灭再现，分支复合的现象。

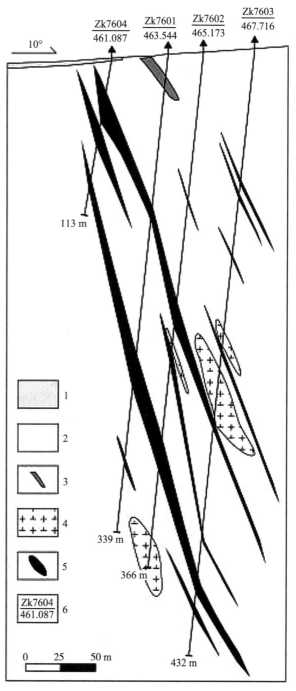

1.第四系；2.新民组上段凝灰质砂砾岩、凝灰质细砂岩；
3.闪长玢岩；4.花岗闪长斑岩；5.矿体；6.钻孔编号

图4-5 敖包吐银多金属矿76勘查线地质剖面图

资料来源：董旭舟（2014）。

4.2.3 围岩蚀变

主要矿化蚀变有绿泥石化、绢云母化、硅化、黄铁矿化、碳酸盐化。

4.2.4 矿石特征

主要金属矿物有银矿物、方铅矿、闪锌矿、黄铁矿、黄铜矿等。主要脉石矿物为石英、绿泥石、高岭石、绢云母、碳酸盐矿物、玉髓等。

矿石结构：自形、半自形及他形晶粒状结构；交代熔蚀结构；残余结构；包含结构；乳浊状结构等。

矿石构造：块状构造；致密块状构造；脉状构造；浸染状构造；团块状构造；斑杂状构造等。

4.2.5 矿床成因

李泊洋（2013）在敖包吐矿区及周围的乌力亚斯台中细粒黑云母斜长花岗岩及昆都北西岩体细粒闪长岩进行了锆石 U-Pb 测年，岩石侵入年龄分别为 129Ma±2Ma、132Ma±2Ma，时代为早白垩世。董旭舟等（2014）测得敖包吐铅锌银矿区中的花岗闪长斑岩和花岗岩 $^{206}Pb/^{238}U$ 年龄分别为 140.02Ma±0.45Ma、151.56Ma±0.40Ma，属于晚侏罗世—早白垩世的燕山期，成矿类型为中温岩浆热液型矿床（谭化川，2016）。

4.2.6 成矿模式

敖包吐矿床经历了长期的多种地质作用，具体形成过程主要分为3个阶段：火山-沉积岩基底形成阶段—晚古生代构造岩浆阶段—表生富集作用阶段。在古生代，古蒙古洋向南北两个地台俯冲（张万益，2008），诱发了大规模火山活动，形成了巨厚的火山-沉积岩地层（聂凤军 等，2004），这套富含银、金、铜等多金属的火山-沉积岩基底为后来的构造-岩浆活动准备了成矿的初步条件。随后，海西期大规模富含成矿元素的岛弧花岗岩侵位，流体沿着先存的构造裂隙以及底辟作用形成的裂隙上升，最初主要为岩浆水与大气降水的混合热液，晚期演变为以大气降水为主（高嵩，2014）。来不及分异的成矿元素留在岩体内，形成了产出于构造裂隙和岩体中的原生矿体。进入地壳逐渐抬升时期后，原生矿体经历表生富集作用，最终形成银铅锌地球化学高背景带。

4.3 二道河银多金属矿床

二道河银多金属矿床是近年来在得尔布干深断裂带北东侧发现的一个大型银多金属矿床，行政区划隶属内蒙古自治区扎兰屯市浩饶山镇管辖。

4.3.1 矿床地质特征

4.3.1.1 地层

赋矿围岩主要为中侏罗系塔木兰沟组（J_2t）流纹质凝灰岩、角砾凝灰岩、玄武安山岩。矿区分布面积较大，主要出露于矿区的中部地段，呈北东向展布。与侏罗系上统满克头鄂博组（J_3mk）和奥陶系中上统裸河组（$O_{2-3}l$）地层呈不整合接触（图4-6）。Ⅰ、Ⅱ、Ⅳ矿段均位于该地层四个岩性段上，下面按岩性段由老到新叙述如下。

1.塔木兰沟组一段（J_2t^1），主要岩性为流纹质岩屑晶屑凝灰岩，黄褐色，具岩屑晶屑凝灰结构，块状构造，岩石的组成为晶屑、岩屑，有少量的塑变玻屑分布其中，玻屑呈凹面棱角状、骨棒状，脱玻化霏细质长英质替代，少数绢云母交代，含量<5；晶屑为次棱角状，以石英为主，少量钾长石分布均匀，粒径0.1～2.56mm，含量35%左右；岩屑呈次棱角状为变质砂岩、板岩、流纹岩、花岗岩，并有半塑性流纹质浆屑分布，粒径0.40～5.2mm，含量20%左右；胶结物为凝灰隐晶质，不均匀绢云母交代，其中有绢云母化具梳状纤维的塑变玻屑不均匀分布其中。该层是Ⅰ、Ⅱ、Ⅳ矿段银铅锌矿体的主要赋矿围岩。该岩性段主要分布向斜的两翼，南东翼厚度400m左右，倾向320°，倾角57°，是1、2、3、4、5、6、8、18、23号矿体赋矿围岩；北西翼厚度700m左右，倾向160°，倾角47°～55°，是11、12、20号矿体的赋矿围岩。

2.塔木兰沟组二段（J_2t^2），主要岩性为玄武安山岩，深灰色，斑状结构，块状构造，斑晶成分主要为斜长石、辉石，局部岩石具碳酸盐化现象，基质为隐晶质。该岩性段主要分布向斜的两翼，南东翼厚度70～200m，倾向320°，倾角57°。北西翼厚度200～360m，倾向160°，倾角46°，是21、22号矿体的赋矿围岩。

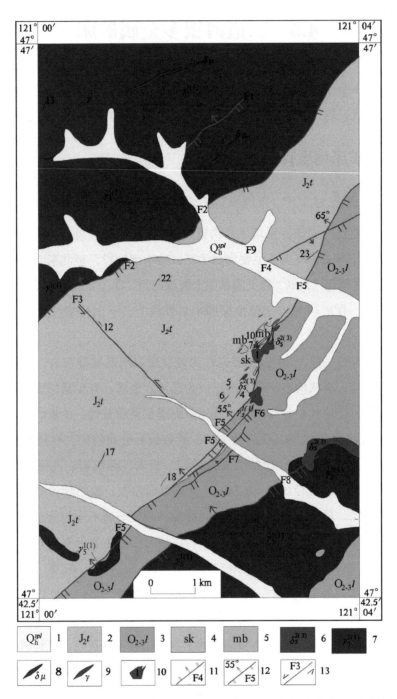

Q_h^{spl} 1	J_2t 2	$O_{2-3}l$ 3	sk 4	mb 5	$\delta_5^{2(3)}$ 6	$\gamma_5^{1(1)}$ 7

8 $\delta\mu$ 9 γ 10   11 F4   12 $\frac{55°}{F5}$ 13 $\frac{F3}{F5}$

1.全新统；2.塔木兰沟组；3.裸河组；4.矽卡岩带；5.大理岩带；6.燕山中晚期闪长岩；7.印支早期花岗岩；
8.闪长玢岩脉；9.花岗岩脉；10.银多金属矿体；11.正断层及编号；12.逆断层及编号；13.平移断层及编号

图4-6 二道河银多金属矿床地质略图

资料来源：崔学武等（2015）。

3.塔木兰沟组三段（J_2t^3），主要岩性为流纹质凝灰岩，黄褐色，具凝灰结构，岩石中碎屑组成以少量晶屑和玻屑，偶见岩屑分布。晶屑呈次棱角状，以钾长石为主，次为石英，粒径介于0.16～2.4mm之间，以粒径1.68mm晶屑为主，分布均匀，含量<7%；玻屑为凹面次棱角状、三角状分布，其中有部分具梳状纤维边的塑变玻屑散布其中，多脱玻化被长英质集合体替代，玻屑含量>5%；岩屑呈次棱角状，绢云母交代，为流纹质岩屑，局部分布，含量<3%；胶结物全部脱玻化重结晶生成长石、石英微粒集合体，局部为个体不清的长英质集合体。该岩性段主要分布向斜的两翼靠近核部，南东翼厚度180～320m，倾向330°，倾角53°。北西翼厚度250～660m，倾向120°，倾角48°。

4.塔木兰沟组四段（J_2t^4），该层位于区内中间部位，呈带状分布。主要岩性为玄武安山岩，深灰色，斑状结构，基质霏细结构，气孔构造，岩石中斑晶为斜长石、辉石、角闪石，呈熔蚀状或晶屑碎片产出，含量<5%，局部斑晶呈聚斑状产出，岩石中除碎屑斑晶外，岩石基质具霏细结构，由长英矿物集合体组成，不均匀硅化、褐铁矿化碳酸岩化。该岩性段主要分布向斜的核部，厚度600～800m，是15、16、17号矿体的赋矿围岩。

4.3.1.2　岩浆岩

与成矿有关的侵入岩主要有燕山早期的中细粒钾长花岗岩（$\xi\gamma_5^{2-3c}$）、细粒闪长岩（α_5^{2-3}），印支期的中细粒花岗岩（$\gamma_5^{1(1)}$）。

1.印支期中细粒花岗岩（$\gamma_5^{1(1)}$），基状分布于矿区的南部和北部，总体呈北东向展布，与古生界奥陶系地层呈侵入接触或断层接触。与中生界侏罗系地层呈不整合接触，岩石特征：呈黄褐色，具中细粒花岗结构，块状构造。主要成分为长石（钾长石、斜长石）钾长石居多，呈厚板状及半自形粒状。受动力变质作用部分形成糜棱岩化岩石。与成矿关系密切，为矿体形成提供热源。

2.燕山早期中细粒钾长花岗岩（$\xi\gamma_5^{2-3c}$），呈椭圆形岩株产出，分布在1号矿体和3号矿体之间及20号矿北西侧。侵入于侏罗系中统塔木兰沟组一岩性段地层中，长轴方向与地层产状和北东向断裂构造平行。主要岩性为中细粒钾长花岗岩，肉红色，中细粒花岗结构，块状构造。岩石具绢云母化、高岭土化，岩石普遍为碎裂状。

3.燕山早期细粒闪长岩（α_5^{2-3}），呈椭圆形岩株产出，分布在1号矿体东侧。侵入于侏罗系中统塔木兰沟组一岩性段地层中，长轴方向与地层产状和北东向断裂构造平行。岩石多被绿泥石交代，黝帘石化强。

矿区内脉岩出露有细粒花岗斑岩脉（$\gamma\pi$）、闪长玢岩脉（$\delta\mu$）、石英脉（q）等脉岩产出，细粒花岗斑岩走向北西，其余走向均北东向。

4.3.1.3 构造

二道河矿区银铅锌矿位于北东向的哈布气林场—伊气罕林场深大断裂次一级构造北西向与北东向构造的交汇处，北东向张性断裂构造是该区的主要控矿构造。

4.3.2 主要矿体特征

矿区内发现矿体20条，其中1号为主矿体，长475m，平均厚度21.23m；矿区水文地质条件简单。矿石类型主要为银铅锌硫化矿石。矿区共探获（121b）+（122b）+（333）资源储量矿石量968×10^4t，金属量：Pb 18×10^4t，Zn 45×10^4t，Ag 870t，伴生Ag72t。平均品位：Pb 1.76%，Zn 4.78%，Ag 103.77×10^{-6}，伴生Ag 52.77×10^{-6}（李友珍，2012）。

1号矿体位于勘探区Ⅰ矿段南东部的Ap-9化探组合异常内，赋矿围岩为黄褐色流纹质岩屑晶屑凝灰岩，受蚀变裂隙带控制。矿体沿走向长475m，延斜深控制328m。分布于13-08勘探线之间（图4-7），矿体呈似层状产出，走向47°方向延伸，倾向227°，倾角57°～63°，平均倾角59°。槽探工程控制矿体厚度7.01～35.76m，平均20.07m；单工程矿体矿石品位Pb 0.77%～5.38%，平均2.36%；Zn 0.77%～7.86%，平均4.63%；Ag 92.52×10^{-6}～148.38×10^{-6}，平均116.48×10^{-6}。钻探工程控制矿体厚度0.88～38.49m，平均21.95m；控制最大斜深328m。单工程矿体矿石品位Pb 0.12%～2.78%，平均1.66%；Zn 0.78%～10.13%，平均5.68%；Ag 23.11×10^{-6}～182.91×10^{-6}，平均106.95×10^{-6}。1号矿体单工程水平厚度为0.98～33.99m，平均厚度21.23m，厚度变化系数50.65%；单工程矿体矿石品位Pb 0.12%～5.38%，平均品位1.75%，Pb品位变化系数55.58%；Zn 0.78%～7.88%，平均5.26%，Zn品位变化系数49.12%；共生Ag 23.11×10^{-6}～148.96×10^{-6}，平均107.71×10^{-6}。赋矿标高698～970m。

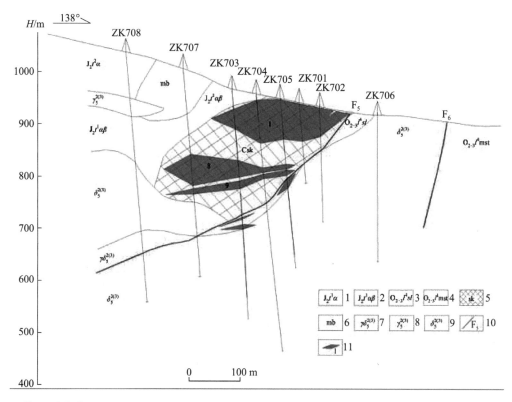

1.侏罗系中统塔木兰沟组二段安山岩；2.侏罗系中统塔小兰沟组一段安山玄武岩；3.奥陶系中上统裸河组四段粉砂质板岩；4.奥陶系中上统裸河组四段变质砂岩；5.矽卡岩；6.大理岩化带；7.燕山中晚期花岗闪长岩；8.燕山中晚期花岗岩；9.燕山中晚期闪长岩；10.断层及编号；11.银铅锌工业矿体及编号

图 4-7 二道河矿区银铅锌矿 07 线地质剖面示意图

4.3.3 围岩蚀变

矿化带长 1 500 m，成矿多期次。围岩蚀变类型有硅化、碳酸盐化、绿泥石化、绢云母化、黄铁矿化、高岭石化、方铅、闪锌矿化、矽卡岩化、黄铜矿化、钠长石化和绿帘石化。内接触带：矽卡岩化、绿帘石化、青磐岩化、黄铁矿化。外接触带：绿泥石化、碳酸盐化、绢云母化。

4.3.4 矿石特征

主要金属矿物有：闪锌矿 5%～40%、方铅矿 1%～10%、黄铁矿 0.5%～4%，其次少量磁黄铁矿、磁铁矿、黄铜矿。

矿区矿石结构主要有变余角砾凝灰结构、自形、半自形-它形不等粒粒状结构、细粒浸染状结构。局部可见包裹交代结构、交代结构、乳滴状结构、碎裂结构等

（Sevilla et al.，2014）。

矿石构造主要有：细脉状、斑杂状、稠密浸染状、块状、浸染状构造。

4.3.5　矿床成因

区域上得尔布干成矿带铅锌矿床成矿时代主要集中在130.2Ma～142.7Ma（李兴等，2016）。本区与铅锌矿床成矿作用有关的岩体主要为石英闪长岩，许文良等（2013）测得锆石U-Pb年龄为142Ma。许立权等（2014）对同区域与额仁陶勒盖银矿关系密切的石英斑岩锆石测年获得U-Pb年龄138.6Ma±2.3Ma，进一步限定该银矿床形成于早白垩世早期。矿床主成矿温度为200～280℃，成矿深度0.82km～1.46km，具有浅成中低温成矿的特点（刘永俊，2014）。含矿热液具有深源特点，主成矿期的成矿流体以岩浆水为主，并含有少量的大气水。综上表明，中生代区域上在侏罗世—早白垩世发生了广泛的与浅成-超浅成火山-次火山岩岩浆活动有关的成矿作用。该矿床成因类型为浅成中低温岩浆热液脉型，受断裂构造控制。值得注意的是，与以花岗岩为主的侵入岩接触后也容易形成矽卡岩型矿床或矽卡岩-热液复合型矿床，在矿床深部及外围还可以寻找斑岩型铜（钼）多金属矿床（王建军，2013）。

4.3.6　成矿模式

在燕山期受太平洋板块的边缘影响，断裂再次活动并诱发强烈的岩浆活动，岩浆的形成及岩体与矿带的分布受该断裂控制。断裂交汇处控制着矿田和矿床的分布和就位（陈祥，2000）。岩浆在上侵过程中与壳源物质发生同化混染作用、部分熔融，同时发生强烈的结晶分异作用，与富含Cl、S、Pb、Ag的高盐度矿液一起，伴随着天水的加入使矿液量大增（刘傲然，2012）。水与岩浆共同作用后，或许发生OH^-取代Cl^-，使得岩浆中的Cl^-转移入高盐度矿液中，增强了流体萃取岩浆中Ag^+的能力，矿液上侵后沿裂隙充填成矿。

5　控矿因素与综合找矿模型

应用新的区域成矿理论，通过对内蒙古东部大兴安岭地区区域成矿地质背景的分析，结合该地区及邻区以往及近期新发现大中型矿床的成矿特征及成矿条件，总结内蒙古东部大兴安岭地区成矿控制因素。

5.1 控矿因素分析

5.1.1 时空分布规律

从元古代、印支－燕山期均有银矿产出，大兴安岭地区成矿时期集中在晚古生代—中生代，成矿作用由老到新逐渐增强，燕山期为多金属最重要的成矿期。

5.1.1.1 空间分布规律

深大断裂带是重要的成矿区带或3级或4级构造单元的分界线，矿床沿两侧呈线型带状分布。内蒙古大兴安岭地区主要划分为：突泉－翁牛特Pb-Zn-Ag-Cu-Fe-Sn-REE成矿带；新巴尔虎右旗－根河（拉张区）Cu-Mo-Pb-Zn-Ag-Au-萤石－煤（铀）成矿带；东乌珠穆沁旗－嫩江（中强挤压区）Cu-Mo-Pb-Zn-Au-W-Sn-Cr成矿带。其中，突泉－翁牛特Pb-Zn-Ag-Cu-Fe-Sn-REE成矿带（Ⅲ-8）北西以二连－贺根山－扎兰屯断裂为界，西界呈斜线状，即镶黄旗－锡林浩特，南界为槽台断裂，东南以嫩江－八里罕断裂为界（王守光 等，2008）。本区跨越了温都尔庙俯冲增生杂岩带和锡林浩特岩浆弧等两个三级大地构造单元的东段，分属包尔汗图－温都尔庙弧盆系大兴安岭弧盆系两个Ⅱ级大地构造单元。Ⅲ-8-②神山－大井子Cu-Pb-Zn-Ag-Fe-Mo-稀土－铌－钽－萤石成矿亚带位于大兴安岭主峰中南段的呈北东向展布的中生代断隆带和断陷带。

5.1.1.2 时间分布规律

成矿带典型矿床主要成矿期为晚古生代和中生代，而且中生代成矿年龄集中在燕山期，包含晚侏罗世和早白垩世两个高峰期（邵和明，2002；聂凤军，2007；曾庆栋，2009；马星华，2009；陈郑辉，2010）。金属矿床的成矿主元素由晚古生代

（Fe、Cu、Pb、Zn、Cr）→ 中生代变（Fe、Sn、Cu、Pb、Zn、Mo、W、Ag、Nb、Ta、ΣREE）。由此表明，矿床由少到多的变化趋势。

5.1.2 地层因素分析

成矿物质的初始预富集作用。内蒙古大兴安领地区赋矿地层主要为二叠纪大石寨组、哲斯组等，富集金属元素亦即主要成矿元素有铅、锌、锡、银等。其中，银的浓集系数大于2，局部更高（韩建刚 等，2015）。区域地球化学异常是重要的成矿靶区，具有直接而有效的成矿指示意义（李剑，2006）。二叠系大石寨等组发育深海相中性-中基性火山岩系，成为海相火山-热液型等银多金属矿床的有利地带。流体和岩石通过相互作用发生水岩反应，是形成成矿流体的一个重要条件，为成矿流体运移和沉淀提供了通道和空间。化学性活泼的岩性间接控矿。侵入体在与围岩接触处产生两种效应，一类是热效应，没有物质交换，引起接触变质；另一类是从岩浆中溢出物质对围岩共同作用的双重效应，即是由侵入岩分离出来的含矿水热流体向围岩转移热量和物质交代的效应，产生接触交代作用即矽卡岩化。在矽卡岩化和矽卡岩形成过程中容易形成铁多金属矽卡岩型矿床，这类矿床多有规模大、含矿品位高的特点。最重要的有利岩性层位是下二叠统，其次是泥盆系及元古界。

5.1.3 岩浆岩因素分析

多数内生矿床的形成和分布都在不同程度上受岩浆活动因素所控制。大兴安岭地区与成矿有关的岩浆岩主要为中酸性、酸性、超浅成-浅成、高位侵入体，岩体出露面积小、产状为小岩株、岩脉等（佘宏全 等，2009；黄光杰，2014）。中酸性岩浆岩成矿专属性较复杂，研究区矿床成因类型多样，如矽卡岩型、岩浆热液型以及火山-次火山岩型等。以岩浆热液型为例，与岩浆岩在时间、空间分布上有一定的相关性。中生代及以后大量的中酸性岩浆活动，在研究区形成大量的有色、稀有金属矿床。产出位置在岩体内或岩体周围的围岩或与围岩的接触带上。由于岩浆热液成分的复杂性导致这类矿床矿石中矿物组成的复杂性和矿石类型、矿种的多样化。岩浆岩内挥发成分F、Cl、H_2O、CO_2等对促使岩浆分异和矿化集中有重要作用，初步研究表明，这些挥发分的含量与有关矿产规模具有正相关关系。由于侵入岩浆热液中挥发性组分的温度高、压力大和活动性强，所以这类矿床的围岩蚀变时常较为强烈。而且分布广泛，矿种丰富，主要有Cu、Pb、Zn、Sn、U、Fe等涉及有色金属矿产、稀有、稀土和放射性矿产。岩体中成矿元素的背景含量高是有利于成矿的，可作为岩体含矿性的标志之一。

5.1.4 构造因素分析

华北板块北缘陆缘增生带锡林浩特岩浆弧在古亚洲洋盆的成生、发育、消亡的过程中发生强烈的构造-岩浆活化作用。在前寒武纪基底隆起构造背时景下，泥盆纪构造-岩浆作用影响下，在基底隆起边缘形成热液型铅锌银矿床；二叠纪在岛弧环境下，形成与海相基性-中酸性火山活动有关的火山-沉积型铁矿床及与弧后扩张型蛇绿岩有关铬铁矿床；晚二叠世—早三叠世，在同碰撞及后碰撞环境下形成热液型多金属矿床。隆-陷构造格局是晚中生代矿床分布最重要的控制因素。区域性深断裂构造带对成矿的控制作用。晚古生代基底构造及其与中生代断裂构造交汇处是成矿的有利地区。区内大多数Ⅲ、Ⅳ成矿带成北东向展布；个别受东西向断裂控制明显，如小东沟-小营子Ag多金属矿成矿亚带受西拉木伦河断裂的影响呈近东西向展布。研究区NE向断裂具有延伸长、切割深度大的特点。著名的有得尔布干断裂带、大兴安岭主脊断裂，也是重要的控岩控矿构造如翁牛特-突泉成矿带。

5.2 找矿模式

内蒙古大兴安岭地区区内不同成因类型且彼此独立的矿床、矿点构成了一个完整的的成矿系统，成矿特征类似，并且成矿过程始终伴随着大规模岩浆-火山活动（李世杰，2017）。通过对成矿带内典型矿床如额仁陶勒盖、拜仁达坝、花敖包特、吉林宝力格、比利亚古等银多金属矿床的发现史和矿床赋存的地质、地球物理、地球化学等基本要素和找矿过程中具特殊意义的地、物、化、遥等信息的剖析，结合区域成矿条件、典型矿床（矿点）成矿模式和控矿因素等，提出本区综合找矿标志和程序性设想，亦即找矿模式。

5.2.1 额仁陶勒盖式银矿床

额仁陶勒盖银矿是20世纪90年代探明的一个大型独立银矿床，银矿区综合信息勘查模型见表5-1、图5-3。矿区主要分布侏罗系地层（图5-1），侵入岩主要为华力西-燕山期花岗岩，以上出露的密度较低地层引起了区域重力低异常和剩余重力负异常。由区域航磁异常剖面可见，航磁异常剖面也是相当平静，起伏不明显。

额仁陶勒盖银矿床位于剩余重力正异常边界处（图5-1），其西北方向为编号为L蒙-126-2号的带状负异常，近东西向展布，该区域地表出露侏罗系地层，局部被第四系覆盖，同时有少量酸性岩出露，推测该负异常为中生界断陷盆地和酸性岩引起。从航磁等值线图上看，银矿所在位置为负磁异常，重磁场特征反映了该矿的成矿地质环境。区域上银矿受北东向及近北西向断裂控制，与古生代地层有关。

矿区内Ag、Au、W、As、Sb元素异常规模大，不仅在矿区所在位置有较强的异常显示，矿区南部也存在明显的浓集中心和浓度分带，空间上与已发现的银矿化点对应（图5-2）。空间上各元素多呈北东向或近东西向展布，与构造和岩体的分布有关。

表5-1 额仁陶勒盖热液型典型矿床成矿要素表

要素		内容描述
描述		大型热液型银矿床
地质环境	构造背景	Ⅰ天山-兴蒙造山系；Ⅰ-Ⅰ大兴安岭弧盆系；Ⅰ-Ⅰ-2额尔古纳岛弧（Pz₁）
	成矿环境	Ⅰ-4：滨太平洋成矿域（叠加在古亚洲成矿域之上）；Ⅱ-12：大兴安岭成矿省；得尔布干成矿带西南段满洲里-克鲁伦Ag-Pb-Zn、Cu(Mo)、Au成矿亚区
	时代	燕山期
矿床特征	矿体形态	主要呈脉状，少数透镜状，矿体连续、稳定，无自然间断或被错开
	岩石类型	安山岩、安山玄武岩、气孔状杏仁状安山质熔岩、角砾岩、安山质凝灰角砾岩、凝灰砂砾岩及流纹质熔岩
	岩石结构	斑状结构、气孔状杏仁状结构、块状构造
	矿物组合	①银矿石主要矿物有辉银矿、螺状硫银矿、黄铁矿、方铅矿、闪锌矿。脉石矿物主要有石英、长石、菱锰矿。其次有角银矿、碘银矿、硬锰矿、软锰矿、方解石等；少量的自然银、自然金。金银矿，银金矿，黄铜矿，磁铁矿及副矿物锆石，磷灰石等。②银锰矿石主要矿物为角银矿、硬锰矿。脉石矿物为石英；其次有辉银矿、碘银矿、锰钾矿、软锰矿、长石等；少量的溴银矿、自然金、自然银、菱锰矿、方铅矿、闪锌矿、方解石等
	结构构造	①银矿石。结构：隐晶结构。构造：致密块状构造、角砾状构造、浸染状构造②银锰矿石。结构：同心环带状结构、条带状结构、自形-它形粒状结构、半自形-它形粒状分布。构造：蜂巢状、多孔状构造、胶体葡萄状肾状构造、葡萄状构造
矿床特征	蚀变特征	①蚀变程度随矿体产出部位而变化，近矿蚀变强，种类多，空间上重叠；远离矿体蚀变弱，种类少。②与矿化有关的蚀变均为中低温热液蚀变。③蚀变类型可归纳为"面型"和"线型"两种，且二者共存。④蚀变阶段较为清晰，从早到晚可分为青盘岩化，方解石绿泥石绢云母化，硅化三个阶段。⑤晚期蚀变叠加于早期蚀变之上

要素		内容描述
矿床特征	控矿条件	①中侏罗统塔木兰沟组。②矿体受NE向主干断裂次一级NW、NE向断裂控制（南北向350°～360°，北北东向20°～30°，北东向40°～50°），构造交结部位的岩体与围岩外接触带，或断层交叉地段往往是矿体的集中部位。③广泛的中生代火山岩背景是此矿床形成的先决条件、石英脉和硅化是找矿的最直接标志。④在岩体附近寻找高阻、高极化率异常
地球物理特征	重力特征	床位于布格重力异常等值线扭曲部位；剩余重力异常等值线平面图上，矿床处在由北东转为近东西向延伸的重力高值区，对应形成三处局部剩余重力正异常，位于剩余重力正异常的边部梯级带上，剩余重力起始值在 2×10^{-5}～$3 \times 10^{-5} m/s^2$ 之间，该正异常与元古代基底隆起有关，在其北侧地表有侏罗纪酸性岩体分布，对应剩余形成重力负异常。可见额仁陶勒盖银矿床在成因上与岩浆活动及元古界地层有关。剩余重力起始值在 2×10^{-5}～$3 \times 10^{-5} m/s^2$ 之间（图5-1）
	航磁特征	矿体均分布于低缓正负磁场区，异常强度在 -200～$200nT$ 之间。矿致异常均为高极化高阻特征（图5-1）
地球化学特征		存在Mn、Fe_2O_3、Cr、Co、Ni、Ti、V等元素组成的背景、高背景区，Mn为主成矿元素，Mn、Fe_2O_3、Co、Ti在矿区周围呈高背景分布，具有明显的浓度分带和浓集中心，Cr、Ni、V在矿区周围呈背景、高背景分布，但无明显的浓集中心（图5-2）

资料来源：田京等（2014）；许立权等（2014）；田京（2015）。

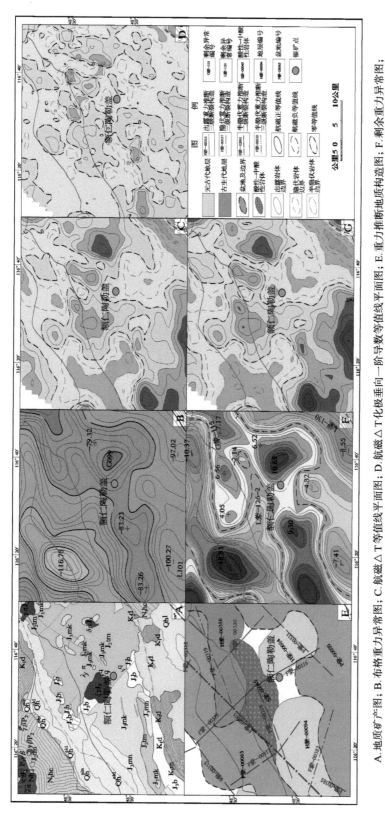

图 5-1 额仁陶勒盖典型矿床地质－物探勘查模型图

A.地质矿产图；B.布格重力异常图；C.航磁△T等值线平面图；D.航磁△T化极垂向一阶导数等值线平面图；E.重力推断地质构造图；F.剩余重力异常图；G.航磁△化极等值线平面图

资料来源：许立权等（2013）。

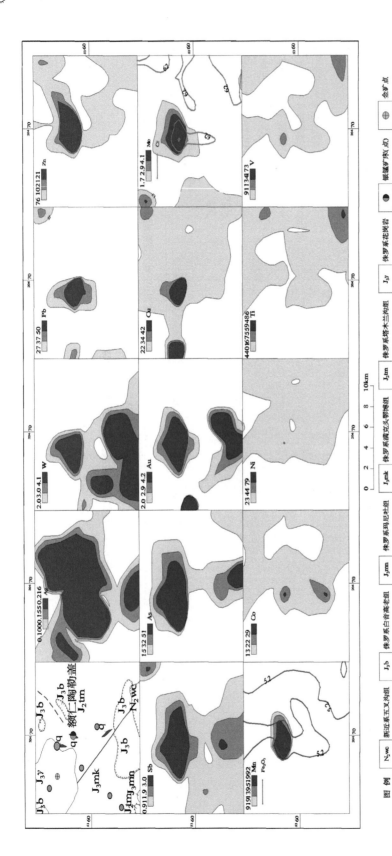

图 5-2 额仁陶勒盖矿典型矿床地质－化探勘查模型图

图 例 N_2wc 渐近系白文沟组 J_3b 侏罗系白音高老组 J_3mn 侏罗系玛尼吐组 J_3mk 侏罗系满克头鄂博组 J_2tm 侏罗系塔木兰沟组 $J_3\gamma$ 侏罗系花岗岩 ⊕ 铅锌矿床（点） ⊕ 金矿点

资料来源：许立权等（2013）。

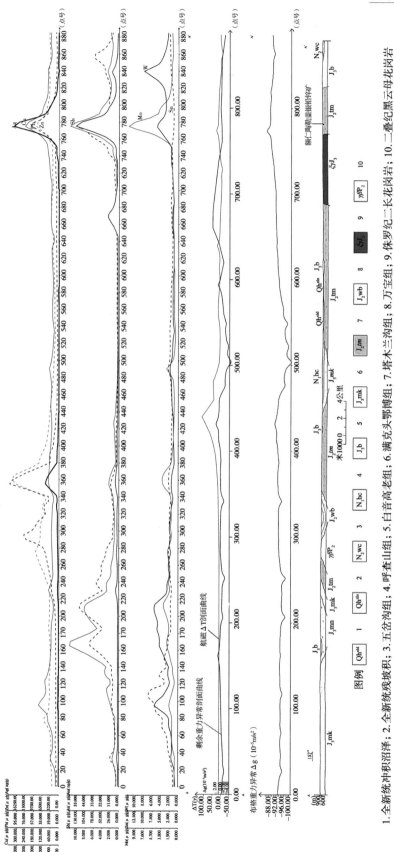

图例

1.全新统冲积沼泽；2.全新统残坡积；3.五岔沟组；4.哞查山组；5.白音高老组；6.满兑头鄂博组；7.塔木兰沟组；8.万宝组；9.侏罗纪二长花岗岩；10.二叠纪黑云母花岗岩

图 5-3 额仁陶勒盖银矿区综合信息勘查模型图

资料来源：许立权等（2013）。

5.2.2　拜仁达坝式银矿床

拜仁达坝银多金属矿床（点）分布于天山－兴蒙造山系－大兴安岭弧盆系－二连－贺根山蛇绿混杂岩带（Pz_2）构造单元中，成矿带属Ⅲ-8林西－孙吴Pb-Zn-Cu-Mo-Au成矿带。拜仁达坝热液型银铅锌矿典型矿床要素见表5-3、图5-4、图5-5，拜仁达坝式银多金属矿综合信息勘查模型见表5-2、图5-6。

表5-2　内蒙古拜仁达坝热液型银铅锌矿典型矿床要素表

成矿要素		描述内容
特征描述		受构造控制的、与华力西期岩浆活动有关的中低温热液矿床
环境地质	构造	Ⅰ天山－兴蒙造山系；I-I大兴安岭弧盆系；I-I-6锡林浩特岩浆弧（Pz_2）
	成矿环境	Ⅰ-4：滨太平洋成矿域（叠加在古亚洲成矿域之上）Ⅱ-12：大兴安岭成矿省；Ⅲ-8：林西－孙吴PbZnCuMoAu成矿带（VlⅡYm）（Ⅲ-50）Ⅲ-8-①索伦镇－黄岗铁（锡）铜锌成矿亚带
	成矿时代	燕山期
矿床特征	矿体形态	脉状、分枝状、板状、网脉状等
	岩石类型	石英闪长岩
	矿物组合	磁黄铁矿、黄铁矿、银黝铜矿、方铅矿、黄铜矿、毒砂等，其次还有闪锌矿、自然银、铅矾、孔雀石等矿物
	结构构造	矿石结构：他形结构、半自形结构、交代结构、碎裂结构；矿石构造：条带状构造、浸染状构造、网脉状构造、块状构造
	蚀变特征	硅化、绢云母化、高岭土化、绿泥石化、碳酸盐化
	控矿条件	下元古界宝音图群二云斜长片麻岩、黑云斜长片麻岩、石英闪长岩等。北北西和近东西向构造是矿区内主要控矿构造
地球物理	重力	拜仁达坝银铅锌多金属矿床位于北北东向克什克腾旗－霍林郭勒市－带布格重力低异常带的北西侧，根据物性资料和地质资料分析，推断该重力低异常带是中－酸性岩浆岩活动区（带）引起。表明拜仁达坝银铅锌矿床在成因上与中－酸性岩体有关（图5-4）
	磁法	据1：1万地磁等值线图显示：磁场表现为在低正磁异常范围背景中的圆团状正磁异常。1：1万电法等值线图显示：北部表现为低阻高极化，南部则表现为高阻低极化（图5-4）
地球化学特征		拜仁达坝地区Ag、Pb、Zn、Sn、Cd、Sb呈大规模异常分布，具有明显的浓度分带和浓集中心。矿区内异常元素组合齐全，为Ag、Pb、Zn、W、Sn、As、Sb组合，为热液矿床异常组合，Ag、Pb、Zn为主成矿元素，W、Sn、As、Sb为伴生元素，Ag与Pb、Zn套合极好，与Cu套合较好，W、Au、Mo异常分布于矿体外围（图5-5）

资料来源：钟日晨等（2008）；孙丰月等（2008）；王力等（2008）；杜云林等（2009）；李干阳等（2013）。

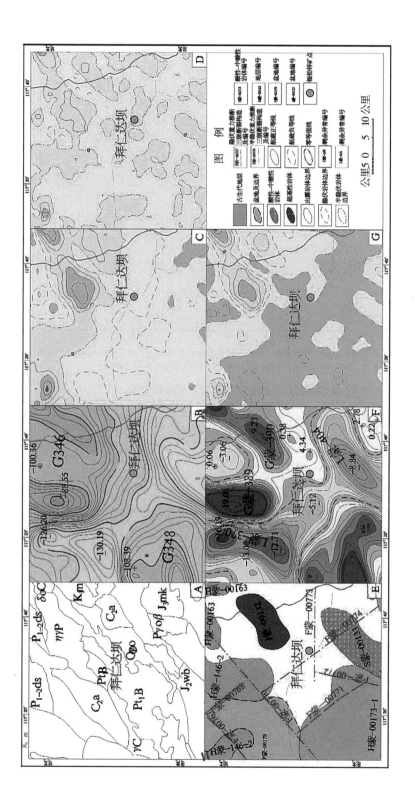

图 5—4 拜仁达坝银铅锌矿典型矿床地质 – 物探模型图

A. 矿产图；B. 布格重力异常图；C. 航磁 △T 等值线平面图；D. 航磁 △T 化极垂向一阶导数等值线平面图；E. 重力推断地质构造图；F. 剩余重力异常图；

G. 航磁 △ 化极等值线平面图

资料来源：许立权等（2013）。

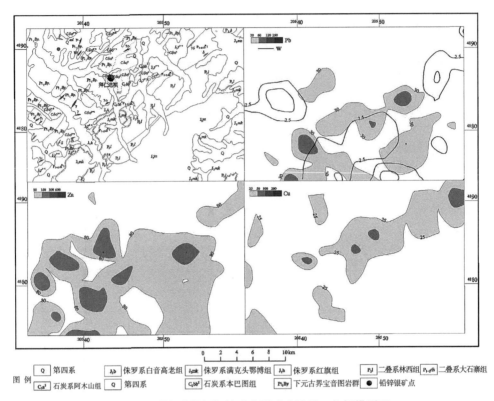

图5-5　拜仁达坝银铅锌矿典型矿床地质-化探模型图

资料来源：许立权等（2013）。

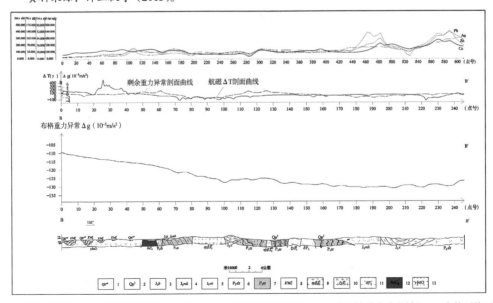

1.全新统细粉砂；2.全新统风积亚砂土、黄土；3.上侏罗统白音高老组；4.上侏罗统满克头鄂博组；5.中侏罗统万宝组；6.中二叠统大石寨组；7.下二叠统寿山沟组；8.锡林郭勒变质杂岩黑云角闪片麻岩组合；9.晚侏罗世花岗闪长岩；10.晚侏罗世中粒黑云母正长花岗岩；11.晚二叠世闪长岩；12.晚石炭世石英闪长岩；13.奥陶纪英云闪长岩

图5-6　拜仁达坝式银多金属矿综合信息勘查模型图

资料来源：许立权等（2013）。

矿区南侧有多条重力推测断裂交汇，布格重力异常图上，银铅锌矿东北方向布格重力异常高，西南方向布格重力异常低。从剩余重力异常图上可见（图5-4），剩余重力异常和布格重力异常的展布形态、分布范围基本一致。银铅锌矿位于编号L蒙-404剩余重力负异常区北部；矿床所在位置Ag、Pb、Zn异常套合性好，与其吻合程度高，浓集分带达到二级，空间上呈北东向条带状展布，与矿区断裂构造方向一致。在矿区北东方向，有高强度的Ag异常显示，呈四级浓度分带，对应地质体为下元古界宝音图群地层、石炭纪石英闪长岩；Pb、Zn异常则相对较弱。

由拜仁达坝区域预测模型图可以看出（图5-4至图5-6），本区主要出露二叠系、侏罗系地层及华力西-燕山期中酸性侵入岩，以上出露的低密度、弱磁性地层引起了区域重力负异常和剩余重力低异常。由于岩浆活动强烈，大量华力西-燕山期花岗岩、闪长岩类侵入二叠系地层，导致磁场起伏较明显。Cu、Pb、Zn、Ag组合异常在地质体出露地区套合较好。

5.2.3 花敖包特式银矿床

花敖包特银矿床行政区划隶属于西乌珠穆沁旗宝日格斯台苏木，是大兴安岭中南段西坡近年来发现的富银多金属之一，花敖包特银矿区共划分为三个采区（图5-7），截至目前已发现34条Ag多金属矿体，1条硫铁矿矿体，矿体多呈脉状（图5-8）。花敖包特式银矿区域综合信息勘查模型见表5-3、图5-9。

表5-3　内蒙古自治区花敖包特次火山热液型银矿典型矿床要素表

成矿要素		内 容 描 述
特征描述		中低温次火山热液成因
地质环境	构造背景	Ⅰ天山-兴蒙造山系；Ⅰ-Ⅰ大兴安岭弧盆系；Ⅰ-Ⅰ-5二连-贺根山蛇绿混杂岩带（Pzz）
	成矿环境	Ⅰ-4：滨太平洋成矿域（叠加在古亚洲成矿域之上）；Ⅱ-12：大兴安岭成矿省；ⅢⅠ-8：林西-孙吴Pb-Zn-Cu-Mo-Au成矿带(ⅧYm)(Ⅲ-50)；ⅢⅠ-8-①：索伦镇-黄岗铁铜锌成矿亚带
	成矿时代	晚侏罗世
矿床特征	矿体形态	透镜状
	岩石类型	砂岩、含砾砂岩、细砂岩、粉砂岩少量泥岩及蚀变含角砾火山碎屑岩
	矿石结构	砂粒状结构
	矿物组合	黄铁矿、方铅矿、闪锌矿、毒砂及黄铜矿，次为银黝铜矿、磁黄铁矿、辉锑矿、辉铁锑矿、硫铜锑矿、砷黝铜矿、深红银矿、硫锑铅矿、金红石及铜蓝等
	结构构造	它形晶粒状、自形、半自形、交代溶蚀、残余、包含及乳浊状等结构构造为块状、致密块状、脉状、细脉浸染状、团块状、斑杂状、角砾状及条带状等构造

成矿要素		内容描述
矿床特征	蚀变特征	绿泥石化带—绢云母化、硅化、黄铁矿化带–碳酸盐化
	控矿条件	北西、北东及近南北向的构造破碎带，热液则充填在次流纹岩体附近的裂隙中形成银铅锌矿体
区内相同类型矿点		大型矿床1个，中型矿床3个，小型矿床4个，矿点15个
重力异常		花敖包特中低温热液型银铅锌矿床位于布格重力异常等值线的扭曲部位，剩余重力异常等值线平面图亦反映重力高异常；其南侧表现为等轴状的重力低异常。结合地质及物性资料，推断北部重力高异常是由古生界地层引起，南部局部重力低异常为中–酸性花岗岩体的反映。表明花敖包特银铅锌矿床在成因上不仅与古生界地层有关，而且与中—酸性花岗岩体有关
磁法异常		高精度磁测找矿模式表现为：主要容矿断裂下盘围岩以弱磁性寿山沟组(P–s)长石细砂岩为主，上盘为上覆弱磁性角砾凝灰岩，下伏强磁性蛇纹岩，矿体呈脉状、细脉状、浸染状及带状。多位于凝灰岩、超基性岩与围岩接触带，矿体区岩石破碎、蚀变较强，围岩蚀变表现为斜辉橄榄岩体普遍蚀变形成蛇纹岩
地球化学特征		分别运用金属活动态测量、地球气测量、地电化学测量、土壤全量测量对矿区主要矿体布置剖面，结果表明4种方法均在矿体上方发现了很好的Pb异常，异常与矿体的位置吻合程度很好，金属活动态测量所发现的异常与矿体的对应关系最好
遥感影像特征		依据线性影像，解译的北东向、北西向次级断裂

资料来源：韩学林（2010）；郭令芬（2011）；陈永清等（2011，2014）；张忠（2013）；等。

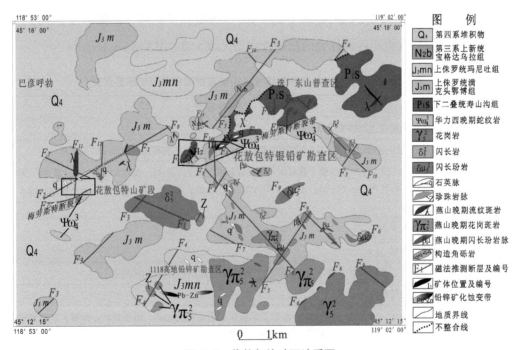

图5-7　花敖包特矿区地质图

资料来源：陈永清等（2011）。

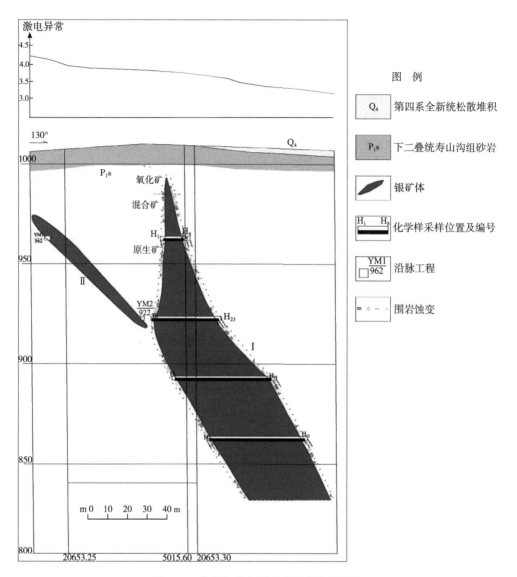

图 5-8 花敖包特典型矿床勘查线剖面图

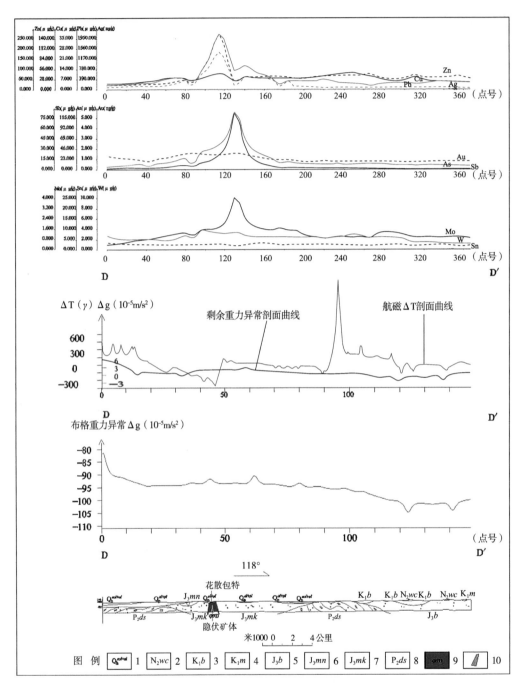

1.全新世风积层；2.第三系五岔沟组；3.白垩系巴彦花组；4.白垩系梅勒图组；5.侏罗系白音高老组；
6.侏罗系玛尼吐组；7.侏罗系满克头鄂博组；8.二叠系老窝铺组；9.Ag矿体

图5-9 花敖包特式银矿区域综合信息勘查模型图

5.2.4　吉林宝力格式银矿床

吉林宝力格银矿位于扎兰屯－多宝山岛弧三级构造带中段，属扎兰屯－多宝山岛弧构造岩浆岩亚带（Pz₂）。该矿分为东西两个矿区。西矿区已发现含矿蚀变破碎带30余条，其中已勘查的1号矿体呈似层状，透镜状走向85°，倾向NW，倾角56°～65°。长300m，平均厚2.30m，控制延深80～110m。Ag平均品位195.31g/t，Pb平均品位2.16%。矿石矿物以辉银矿和方铅矿为主。主要围岩蚀变为褐铁矿化和硅化。矿化受吉林宝力格大队－额仁高壁苏木NEE向隐伏大断裂及次级NEE向裂隙控制。矿床成矿要素见表5-4。

表5-4　吉林宝力格银矿典型矿床成矿要素表

成矿要素		描述内容
特征描述		中低温热液型脉状矿床
地质环境	构造背景	Ⅰ天山－兴蒙造山系；Ⅰ-Ⅰ大兴安岭弧盆系；Ⅰ-Ⅰ-5东乌旗－多宝山岛弧(Pzz)
	成矿环境	Ⅱ-12：大兴安岭成矿省Ⅲ I-6：东乌珠穆沁旗－嫩江(中强挤压区)CuMoPbZn AuWSnCr成矿带(Pt3 Vm-1 Ye-m)(Ⅲ-48)：Ⅲ-6-②朝不愣－博克图WFeZnPb成矿亚带(V、Y)
	成矿时代	燕山早期
矿床特征	矿体形态	呈脉状、透镜状及不规则形态产出，沿走向和倾向均具膨胀收缩特征
	岩石类型	以泥岩为主夹砂质、粉砂凝灰质火山碎屑岩
	岩石结构	凝灰结构
特征		中低温热液型脉状矿床
矿石矿物		氧化矿石：主要组成矿物为褐铁矿、石英、水云母、粘土，少量黄钾铁矾和毒砂。原生矿石：主要金属矿物为黄铁矿、白铁矿、少量黄铜矿、黄铜矿和方铅矿、闪锌矿、锑银矿、毒砂等；脉石矿物主要为石英、粘土、云母类，其次为长石、绿泥石、碳酸盐类
矿石结构构造		结构：胶状结构、环带状或皮壳状结构、次生假象结构、次生交代残留结构及自形晶－半自形晶－它形晶粒状结构 构造：以细脉浸染状、条带状构造分布最广，但以蜂窝状、团块状、角砾状含银较高
围岩蚀变		高岭土化、褐铁矿化(黄铁矿化)、硅化、绢云母化和绿泥石化
主要控矿因素		上泥盆统安格尔音乌拉组；燕山期二云二长花岗岩，石英脉；东西、北东、北北东向压性断裂；矿物共生组合为中低温矿物，并伴随出现As、Sb、Bi等元素组合

资料来源：江和中等（2007）；卢贺（2014）。

5.2.5　比利亚古式银矿床

比利亚古银多金属矿床位于大兴安岭成矿带得尔布干成矿区，行政区划隶属于根河市得尔布尔镇。该矿床已探明铅+锌金属资源/储量超过80×10^4t（王沛东 等，2015），并伴生银。比利亚古式陆相火山次火山（热液）型银铅锌矿典型矿床要素见下表5-5，比利亚古银多金属矿床综合信息勘查模型见图5-10、图5-11、图5-12。

表5-5　比利亚古式陆相火山次火山（热液）型银铅锌矿典型矿床要素表

成矿要素		内容描述
特征描述		比利亚古火山热液型银铅锌矿
地质环境	构造背景	额尔古纳褶皱系，额尔古纳基底隆起区
	成矿环境	以得尔布干断裂为界的额尔古纳钼、铅、锌成矿带和大兴安岭多金属矿带
	成矿时代	上侏罗统
矿床特征	矿体形态	矿体多呈脉状、透镜体状产出，矿体走向295°—305°，矿体走向长度在0.053～1.55km，延深在280.00～601.26m之间。厚度一般在4.54～14.65m
	岩石类型	上侏罗统塔木兰沟组火山岩
	岩石结构	凝灰结构
	矿物组合	方铅矿、闪锌矿、黄铜矿、黄铁矿、辉银矿，磁铁矿、褐铁矿、铜蓝等
	结构构造	结构：半自形-它形粒状，自形粒状为主，其次有包含结构、充填结构、溶蚀结构、斑状变晶结构、固溶体分离结构、反应边结构、压碎结构等 构造：条纹-条带状构造、块状构造、浸染状构造等
	蚀变特征	硅化、绿泥石化、黄铁矿化、绢云母化、青盘岩化
	控矿条件	侏罗系塔木兰沟组火山岩发育地段找铅锌及多金属矿有利 环形构造与北西西向构造发育地段，尤其是构造交汇处是成矿有利场所。本区火山作用成矿显著，因而成矿类型以次火山热液型为主
物探化探特征	地球物理特征 — 重力	据1∶20万剩余重力异常图显示：曲线形态总体比较凌乱，异常特征不明显。 据1∶50万航磁化极等值线平面图显示，磁场表现为三条近似南北走向的条带形正异常，极值达300nT。布格重力异常等值线平面图上，比利亚古式复合内生型银铅锌矿床位于局部重力低异常的边部，$\Delta gmin=-106.19 \times 10^{-5}$m/s²
	地球物理特征 — 航磁	据1∶5万航磁平面等值线图显示：磁场总体表现为低缓的正磁场，矿点处于磁场变化梯度带上，相对异常呈条带状，走向北东。从1∶20万航磁(AT)化极等值线平面图可知，该区反映正、负相间的北东向条带磁异常，$\Delta Tmax=500nT$，$\Delta Tmin=-100nT$
	地球化学特征	矿区出现了以Pb、Zn为主，伴有Ag、As、Cu、Cd、W等元素组成的综合异常；Pb、Zn为主成矿元素，Ag、As、Cu、Cd、W为主要的共伴生元素。在比利亚古地区Pb、Zn呈高背景分布，浓集中心明显，异常强度高；Ag、W在比利亚古地区呈高异常分布，具明显的浓集中心；As、Cu、Cd在比利亚古附近呈高背景分布，但浓集中心不明显

资料来源：吴涛涛等（2014）；马玉波等（2015，2016）；赵岩（2017）。

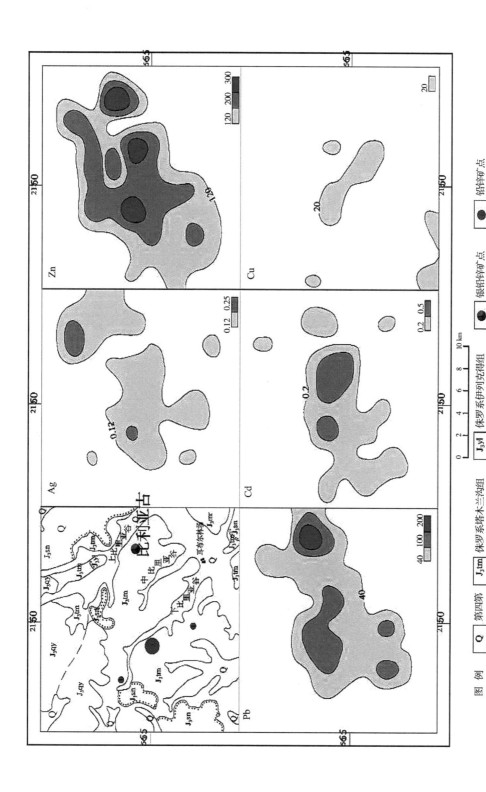

图 5-10 比利亚古银多金属矿典型矿床地质 – 化探模型图

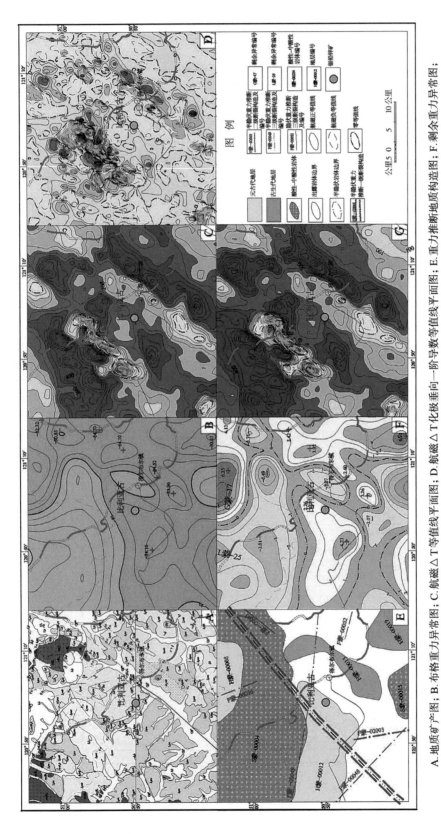

A.地质矿产图；B.布格重力异常图；C.航磁△T等值线平面图；D.航磁△T化极垂向一阶导数等值线平面图；E.重力推断地质构造图；F.剩余重力异常图；G.航磁△化极等值线平面图

图5-11　比利亚古银多金属矿典型矿床地质－物探模型图

资料来源：许立权等（2013）。

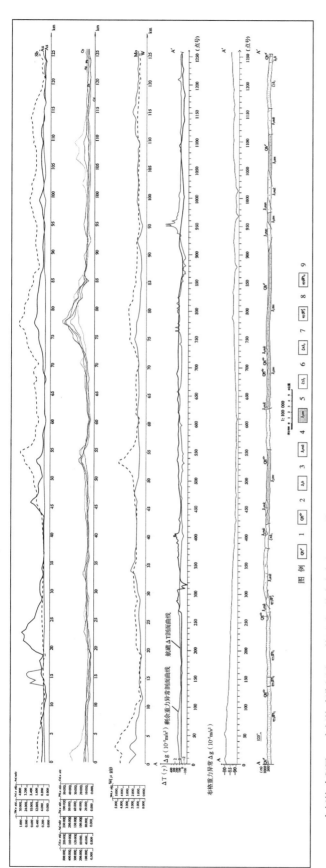

图 例 Qh^p 1 J_3b 2 Qh^p 3 J_3md 4 J_2pm 5 $\zeta\eta J_3$ 6 $\eta\gamma J_3$ 7 $\eta\gamma Pt_1$ 8 $\eta\gamma Pt_1$ 9

1.全新统冲积层；2.全新统冲洪积层；3.侏罗系上统白音高老组；4.侏罗系上统满克头鄂博组；5.侏罗系中统塔木兰沟组；6.晚侏罗世正长花岗岩；7.晚侏罗世花岗斑岩；8.中二叠世黑云母二长花岗岩；9.新元古代黑云母二长花岗岩。

图 5-12 比利亚谷银多金属矿床综合信息勘查模型图

资料来源：许立权等（2013）。

比利亚古位于侏罗系塔木兰沟组中，东侧、北侧多条重力推测断裂交汇，布格重力异常图上，比利亚古式热液型银铅锌矿床位于局部重力高异常的边部，异常呈不规则状，对应剩余重力正异常，编号为G蒙-26。从航磁等值线平面图可知，该区反映正、负相间的北东向条带磁异常；矿区内存在以Ag、Pb、Zn、As、Cu、Cd、W等元素为主的多元素组合异常，异常规模大，强度高，Ag、Pb、Zn作为主成矿元素，呈二级或三级浓度分带，As、Cu、Cd、W为主要伴生元素，多沿北西向或近东西向展布，未形成明显的浓集中心，Hg、F、Li、B为指示元素，在矿区外围形成一定规模的异常，无明显的浓度分带（邵积东，2013）。

由比利亚古银矿区域预测模型图可以看出（图5-9、图5-10、图5-11），本区主要出露地层侏罗系地层，侵入岩为华力西-燕山期花岗岩类，以上出露的密度较低地层引起了区域重力负异常和剩余重力低异常。比利亚古银矿赋存于侏罗系塔木兰沟组中，该地质体出露地段航磁剖面起伏较明显，有高值点出现，推断局部磁性物质富集所致。化探Ag、Pb、Zn、Cu、Au、As、Sb、W、Mo元素异常明显，套合较好，浓集中心浓度值高。

6 内蒙古大兴安岭地区银多金属矿床成矿预测

矿产预测是矿床模型综合地质信息预测方法体系的重要组成部分，矿产预测的成果也是矿产资源潜力评价的重要目标（娄德波 等，2010）。由中国地质科学院肖克炎研究员等人研发的矿产资源评价系统（MRAS），可以实现矿产资源定量评价的可视化、动态经常化，还可以开展成矿远景区划，评估矿产资源潜力，为地质找矿工作部署提供参考。

6.1 成矿预测

6.1.1 预测方法类型确定及区域预测要素

按照银矿预测类型将内蒙古大兴安岭银矿预测区分为两种预测方法类型进行预测：侵入岩体型及复合内生型。岩浆热液型银矿主要预测要素为华力西 – 燕山期富矿岩浆岩及有利赋矿围岩，侵入岩控制矿床（点）分布，因此确定预测方法类型为侵入岩体型，采用侵入岩浆构造图为预测底图；陆相火山次火山（热液）型银矿主要与区域上断裂、火山次火山活动及赋矿围岩有关，因此确定预测方法类型为复合内生型，采用建造构造图为预测底图。花敖包特预测类型为岩浆热液型，华力西晚期蛇纹岩与下二叠统寿山沟组变质砂岩的接触带外接触带直接控制了矿床的分布，构造对其有一定的影响，因此侵入岩浆构造图不能满足突出预测要素的要求，所以用建造构造图为预测底图，确定预测方法为复合内生型。

预测底图对与成矿无关的地质体进行了淡化，突出表达预测研究主体、目的层，侵入岩建造的分布，岩性组合特征等。在各专题研究的基础上，提取了重力、磁法、化探、遥感、自然重砂等综合信息，以及推测的断裂、隐伏矿体等，总结区域预测要素，编制反映矿产预测类型和要素的图件。

6.1.1.1 侵入岩体型银矿区域预测要素

侵入岩体型银矿的矿产预测类型为岩浆热液型银矿，主要矿床式为拜仁达坝式、孟恩陶勒盖式。以拜仁达坝、孟恩陶勒盖预测工作区为例叙述此类矿床（点）区域预测要素（表6-1）。

表6-1　侵入岩体型银矿预测区预测要素表

区域预测要素		描述内容	要素类别	描述内容	要素类别
预测区		拜仁达坝	—	孟恩陶勒盖	—
地质环境	大地构造位置	天山-兴蒙造山系，大兴安岭弧盆系，锡林浩特岩浆弧	必要	天山-兴蒙造山系，大兴安岭弧盆系，锡林浩特岩浆弧（Pz$_2$）	重要
	成矿区（带）	滨太平洋成矿域，内蒙-大兴安岭成矿省。突泉-林西华力西、燕山期Fe（Sn）、CuPbZnAgNbTa成矿带，神山-白音诺尔CuPbZnFeNbTa成矿亚带，拜仁达坝AgPbZn矿集区	必要	滨太平洋成矿域，内蒙-大兴安岭成矿省。突泉-林西华力西、燕山期Fe（Sn）、CuPbZnAgNbTa成矿带，神山-白音诺尔CuPbZnFeNbTa成矿亚带，孟恩陶勒盖-布敦花银、铜、铅、锌矿集区（Ye）	重要
成矿类型及成矿期		热液型华力西期	必要	热液型侏罗纪	重要
控矿地质条件	赋矿地质体	下元古界宝音图群黑云斜长片麻岩、角闪斜长片麻岩、二云斜长片麻岩以及华力西期石英闪长岩	必要	主要为中二叠世斜长花岗岩，其次为中二叠世黑云母花岗岩、闪长岩	必要
	控矿侵入岩	石英闪长岩的侵入提供了成矿热源，也引起了岩矿石发生蚀变	重要	主要为中二叠世斜长花岗岩，其次为中二叠世黑云母花岗岩、闪长岩	必要
	主要控矿构造	矿带和矿体的赋存明显受构造控制。北东向构造控制华力西期中酸性侵入岩的分布，同时控制矿带的展布。而北北西和近东西向构造是矿区内主要控矿构造	重要	主要为东西向断裂，其次是北东向断裂	重要
区内相同类型矿产		成矿区带内有6个银铅锌矿床（矿点）	重要	已知矿床（点）4处，其中大型1处，矿点3处	重要
地球物理与地球化学特征	重力特征	预测区区域重力场总体格架为北东向走向；预测区反映东南部重力高、中部重力低、西北部相对重力高的特点，重力场最低值-148.63×10^{-5}m/s^2，最高值-27.93×10^{-5}m/s^2，沿克什克腾旗-霍林郭勒市一带布格重力异常总体反映重力低异常带，异常带走向北北东，呈宽条带状，长约370km，宽约90km。地表断断续续出露不同期次的中-新生代花岗岩体，推断该重力低异常带是中-酸性岩浆岩活动区（带）引起。局部重力低异常是花岗岩体和次火山热液活动带所致	次要	预测区处于巨型重力梯度带上，区域重力场总体反映东南部重力高、西北部重力低的特点，重力场最低值-90.60×10^{-5}m/s^2，最高值7.89×10^{-5}m/s^2。从剩余重力异常图上看，在巨型重力梯度带上叠加着许多重力低局部异常，这些异常主要是中-酸性岩体、次火山岩和火山岩盆地所致	重要

续　表

区域预测要素		描述内容	要素类别	描述内容	要素类别
	航磁特征	据1：50万航磁化极等值线平面图显示，磁场总体表现为低缓的负磁场	重要	据1：50万航磁化极等值线平面图显示，磁场总体表现为低缓的负磁场	重要
	地球化学特征	预测区内共有281个Ag异常，169个As异常，190个Au异常，194个Cu异常，139个Mo异常，200个Pb异常，184个Sb异常，214个W异常，192个Zn异常，208个Sn异常。异常具有北东向分带性，Pb元素具有明显的浓度分带和浓集中心，异常强度高，呈北东向带状展布	重要	预测区主要分布有Au、As、Sb、Cu、Pb、Zn、Ag、Cd、W、Mo等元素异常，Ag元素异常主要分布在预测区中部和北部，具有明显的浓度分带和浓集中心，异常强度高	重要
遥感特征		环要素（隐伏岩体）及遥感羟基铁染异常区	次要	解译出线型断裂多条和多处最小预测区吻合较好	重要

资料来源：江思宏等（2011）；宋维民等（2014）；庞雪娇等（2015）。

6.1.1.2　复合内生型银矿预测要素

复合内生型银矿的矿产预测类型为陆相火山次火山（热液）型及岩浆热液型银矿，主要找矿模式为花敖包特式、比利亚古式、吉林宝力格式、额仁陶勒盖式。以花敖包特、比利亚谷预测工作区为例简述此类矿床（点）区域预测要素（表6-2）。

表6-2　复合内生型银矿预测要素表

区域成矿要素		描述内容	要素类别	描述内容	要素类别
预测工作区		花敖包特	—	比利亚谷	—
地质	大地构造位置	天山－兴蒙造山系，大兴安岭弧盆系，锡林浩特岩浆弧	必要	天山－兴蒙造山系；大兴安岭弧盆系；额尔古纳岛弧（Pz₁）；海拉尔－呼玛弧后盆地（Pz）	必要
	成矿区（带）	滨太平洋成矿域，内蒙－大兴安岭成矿省。突泉－林西华力西、燕山期Fe（Sn）、CuPbZnAgNbTa成矿带，神山－白音诺尔Cu-Pb-Zn-Fe-Nb-Ta成矿亚带，拜仁达坝AgPbZn矿集区	必要	Ⅰ-4：滨太平洋成矿域（叠加在古亚洲成矿域之上）；Ⅱ-13：大兴安岭成矿省；Ⅲ-47：新巴尔虎右旗（拉张区）CuMoPbZnAu萤石煤（铀）成矿带；Ⅲ-5-①：额尔古纳CuMoPbZnAgAu萤石成矿亚带（YQ）；Ⅲ-5-②：陈巴尔虎旗－根河AuFeZn萤石成矿亚带（Cl Ym-l Ym）	必要
	区域成矿类型及成矿期	中低温次火山热液型晚侏罗世	必要	燕山期火山热液型	必要

续　表

区域成矿要素		描述内容	要素类别	描述内容	要素类别
控矿地质条件	赋矿地层	二叠系下统寿山沟组	必要	侏罗系塔木兰沟组火山岩发育地段有利寻找银铅锌多金属矿	必要
	控矿侵入岩（围岩蚀变）	华力西晚期蛇纹岩	必要	硅化、绿泥石化、黄铁矿化、绢云母化、青盘岩化与矿化关系密切	重要
	主要控矿构造	梅劳特深断裂和花敖包特东平推断层，总方向北北东向	必要	环形构造与北西西向构造发育地段，尤其是构造交汇处是成矿有利场所	必要
区内相同类型矿产		大型矿床1个，中型矿床3个，小型矿床4个，矿点15个	重要	矿床2个：中型1个，小型1个	重要
地球物理特征	重力异常	预测区反映东南部重力高、中部重力低、西北部相对重力高的特点，重力场最低值-148.63×10^{-5}m/s^2，最高值-27.93×10^{-5}m/s^2，沿克什克腾旗—霍林郭勒市一带布格重力异常总体反映重力低异常带，异常带走向北北东，呈宽条带状，长约370km，宽约90km。地表断断续续出露不同期次的中－新生代花岗岩体，推断该重力低异常带是中－酸性岩浆岩活动区（带）引起。局部重力低异常是花岗岩体和次火山热液活动带所致	重要	从布格重力异常图上看，预测区区域重力场总体反映南高、北低的特点，布格重力异常最低值-106.19×10^{-5}m/s^2，最高值-55.84×10^{-5}m/s^2	次要
	磁法异常	主要容矿断裂下盘围岩以弱磁性寿山沟组（P_1s）长石细砂岩为主，上盘为上覆弱磁性角砾凝灰岩，下伏强磁性蛇纹岩，矿体呈脉状、细脉状、浸染状及带状	重要	磁异常幅值范围为-500nT～1200nT，背景值为-100nT～100nT，其间磁异常形态杂乱，正负相间，多为不规则带状、片状或团状，磁场特征显示构造方向以北东向为主。推断断裂走向与磁异常轴向相同，主要为北东向，以不同磁场区的分界线和磁异常梯度带为标志	次要
地球化学特征		金属活动态、地球气、地电化学、土壤全量测量布置剖面均在矿体上方发现了很好的Pb异常，异常与矿体的位置吻合程度很好，异常与矿体的对应关系最好	重要	Pb、Zn在预测区呈背景、高背景分布，存在明显的浓度分带和浓集中心	重要
遥感		依据线性影像，解译的北东向、北西向次级断裂，局部有一级铁染和羟基异常	重要	北西向断裂构造及遥感羟基铁染异常区	次要

资料来源：田麒（2004）；李振祥等（2008）；郭令芬（2010）；张凤林等（2010）；张万益等（2013）。

6.1.2　最小预测区圈定

根据对典型矿床成矿规律、预测要素及预测工作区区域地、物、化、遥、自然重砂等背景条件的研究，确定预测工作区预测要素，提取预测变量（王淼 等，2010）。

6.1.2.1　变量购置：根据各预测工作区不同成矿条件，进行预测变量购置（表6-3）

表6-3　内蒙古大兴安岭地区银矿预测区变量购置一览表

预测区	预测变量	变量处理
拜仁达坝银矿预测工作区	①地质体：提取下元古界宝音图群变质岩系及晚石炭世石英闪长岩，并对第四系覆盖层，做1000米（8mm）缓冲区	求取存在标志
	②航磁异常值提取区间为 $-100 \sim 600nT$	二值化处理
	③重力剩余异常值提取区间为 $-1 \times 10^{-5} \sim 3 \times 10^{-5} m/s^2$	二值化处理
	④铅、锌、银化探异常区及拜仁达坝矿区一带的银化探异常区	求取存在标志
	⑤已知矿床6处，其中大型2处、中型1处、小型3处，对矿点求矿点缓冲区	求取存在标志
	⑥遥感：采用遥感地质解议断裂及环形构造，对其求缓冲区	求取存在标志
孟恩陶勒盖银矿预测工作区	①侵入岩主要为中二叠世斜长花岗岩，其次为中二叠世黑云母花岗岩、闪长岩	求取存在标志
	②东西向断裂、北东向断裂的缓冲区（包括地质、重力和遥感的）	求取存在标志
	③蚀变带	求取存在标志
	④重力剩余异常起始值大于 $-1 \times 10^{-5} \sim 5 \times 10^{-5} m/s^2$	二值化处理
	⑤化探综合异常区	求取存在标志
	⑥遥感最小预测区	求取存在标志
	⑦已知矿床（点）有4处，其中大型1处，矿点3处，求缓冲区	求取存在标志
花敖包特银矿预测工作区	①地层：提取二叠统寿山沟组地层，对上覆第四系进行了揭盖处理	求取存在标志
	②航磁异常异常值提取范围为 $0 \sim 485nT$	二值化处理
	③重力剩余异常值提取范围为 $-3 \times 10^{-5} \sim 13 \times 10^{-5} m/s^2$	二值化处理
	④银铅锌化探异常区	求取存在标志
	⑤已知矿床23处，其中大型1个、中型3处、小型4处，矿（化）点15处	求取存在标志
	⑥蚀变带	求取存在标志
	⑦遥感：采用遥感解译断层，求缓冲区	求取存在标志

预测区	预测变量	变量处理
额仁陶勒盖银矿预测工作区	①地质体：提取塔木兰沟组地层，求其存在标志	求取存在标志
	②断层：包括实测、推测、物探、遥感解译断层，提取走向为NW350°—360°、NNE20°—30°、NE40°—50°的断层（350°、10°、30°、50°），并做2km缓冲	求取存在标志
	③航磁化极异常区异常值−250～250nT之间	二值化处理
	④重力场异常值在−3×10⁻⁵～6×10⁻⁵m/s²之间	二值化处理
	⑤化探：Ag、Pb、Zn、Cu、Au、Fe₂O₃、Mn、Sn综合异常，提取区求存在标志	二值化处理
	⑥已知7个同类型矿床（点），对它们进行缓冲区处理，缓冲区为2km	求取存在标志
	⑦蚀变带：提取硅化带，求存在标志	求取存在标志
	⑧石英脉：提取与断层同方向的石英脉，求存在标志	
	⑨断层：北西地质断层及遥感推断断裂，并根据断层的规模做500米的缓冲区	求取存在标志
	⑩化探：Ag元素化探异常起始值>124×10⁻⁹的范围	二值化处理
	⑪剩余重力起始值范围−1×10⁻⁵～3×10⁻⁵m/s²	二值化处理
	⑫航磁化极值起始值范围50～1 800nT	二值化处理
比利亚谷银矿预测工作区	①地质体：侏罗系塔木兰沟组火山岩	求取存在标志
	②断层：NW向地质断层及遥感推断断裂，并根据断层的规模做500米的缓冲区	求取存在标志
	③Pb元素化探异常18×10⁻⁹～1 293.1×10⁻⁹的范围，Zn元素40×10⁻⁹～3 007.8×10⁻⁹的范围	二值化处理
	④提取剩余重力−94×10⁻⁵～−64×10⁻⁵m/s²的范围	二值化处理
	⑤提取航磁化极值0～350 nT的范围	二值化处理
	⑥提取遥感北西向断裂构造要素及羟基铁染异常区	求取存在标志
官地银矿预测工作区	①地质体：二叠系中统额里图组（P₁e）及其以上地层	求取存在标志
	②断层：北西地质断层及遥感推断断裂，并根据断层的规模做500米的缓冲区	求取存在标志
	③化探：Ag元素化探异常起始值>124×10⁻⁹的范围	二值化处理
	④剩余重力起始值范围−1×10⁻⁵～3×10⁻⁵m/s²	二值化处理
	⑤航磁化极值起始值范围50～1 800nT	二值化处理

资料来源：许立权等（2013）。

6.1.2.2　最小预测区圈定方法及优选结果

首先利用网格单元法对预测单元进行赋值，不同预测工作区根据实际情况划分不同间距的预测单元网格（吕鹏，2007）。孟恩陶勒盖、官地银矿预测工作区单元网格间距为1km×1km，额仁陶勒盖预测工作区为1.5km×1.5km，拜仁达坝、花敖包特、比利亚谷预测工作区为2km×2km。完成预测单元划分后对预测变量进行原始变量构置，生成原始数据专题，完成网格单元赋值。对区内已知矿床（点）按矿化规模将模型单元进行矿化级别的设置，选择具有代表性的单元作为模型单元，然后对前期所选择的预测变量进行筛选，获得真正对矿化起到作用的变量，完成变量优选步骤。证据权重法中，首先构造预测模型，生成定位预测专题图层，然后选择各预测要素的证据因子、计算证据权重，进行证据因子的条件独立性检验，计算后验概率并生成色块图，色块图级别是根据后验概率值的大小确定的。

后验概率色块图的不同级别是以网格单元为边界的规则边界，因此需要在色块图的基础上叠加所有成矿要素及预测要素（赵文涛，2012）。采用人工与MRAS软件交互的方式，根据形成的定位预测色块图对照不同级别的各要素边界，依据后验概率的大小，与模型区预测要素的匹配程度，圈定最小预测区，划分A、B、C类最小预测区级别（张彤 等，2013；闫洁，2016）（表6-4）。

表6-4 内蒙古大兴安岭地区银矿最小预测区分级原则一览表

预测工作区名称	A、B、C类分级原则
孟恩陶勒盖银矿预测工作区	A类：地质体+航磁+重力+化探+矿床+遥感。B类：为地质体+航磁+重力+化探+遥感。C类：为地质体+重力+化探+遥感
花敖包特银矿预测工作区	A类：地质体+航磁异常分布范围+剩余重力异常+遥感I级铁染异常+断层+化探异常。B类：地质体+航磁异常分布范围+剩余重力异常。C类：覆盖区化探异常浓集中心或出露含地质体的上部层位+地质体+航磁异常分布范围或地质体+断层+重力异常
额仁陶勒盖银矿预测工作区	A类：塔木兰沟组+化探异常区±石英脉+有银矿（床）点+NW、NE向断裂。航磁△T化极异常主要在-100nT～150nT之间，剩余重力异常值△g主要在-5×10⁻⁵～7×10⁻⁵m/s²之间。B类：塔木兰沟组±化探异常区±石英脉±有银矿（床）点+NE向断裂。航磁△T化极异常主要在-250nT～200nT之间，剩余重力异常值△g主要在-4×10⁻⁵～4×10⁻⁵m/s²之间。C类：塔木兰沟组+化探异常区+NE向断裂。航磁△T化极异常主要在-200nT～200nT之间，剩余重力异常值△g主要在-3×10⁻⁵～5×10⁻⁵m/s²之间
官地银矿预测工作区	A类：有出露含矿地质体+已知矿床（化点）+断层缓冲区+物（化）探异常或已知矿床（化点）+物（化）探异常。B类：有出露含矿地质体+断层缓冲区+物（化）探异常。C类：出露含地质体+物（化）探异常
比利亚谷银矿预测工作区	A类：有出露含矿地质体+Pb元素化探异常18×10⁻⁹～1 293.1×10⁻⁹，Zn元素化探异常40×10⁻⁹～3 007.8×10⁻⁹+已知矿床+NW向断层缓冲区+遥感羟基异常区。B类：有出露含矿地质体+NW向断层缓冲区+遥感羟基异常区+Pb、Zn元素化探异常+断层缓冲区或推断含矿地质体+Pb、Zn元素化探异常浓集区+蚀变带。C类：覆盖区化探异常浓集中心或出露含地质体的上部层位+Pb、Zn元素化探异常

对圈定的最小预测区中面积过小，成矿潜力较差，预测意义不大的最小预测进行排除，最终共圈定银矿最小预测区50个，面积2 844.34km²（表6-5、图6-1、图6-2）。

表6-5　内蒙古大兴安岭地区银矿最小预测区圈定成果一览表

预测工作区名称	A类最小预测区	B类最小预测区	C类最小预测区	总数	面积（km²）
拜仁达坝银矿预测工作区	5	5	3	13	279.3
孟恩陶勒盖银矿预测工作区	11	11	9	31	301.65
花敖包特银矿预测工作区	17	21	16	54	865.41
吉林宝力格银矿预测工作区	4	7	6	17	134.42
额仁陶勒盖银矿预测工作区	2	3	5	10	132.26
官地银矿预测工作区	4	5	5	14	61.75
比利亚谷银矿预测工作区	6	10	18	34	673.41
总计	50	76	83	209	2 844.34

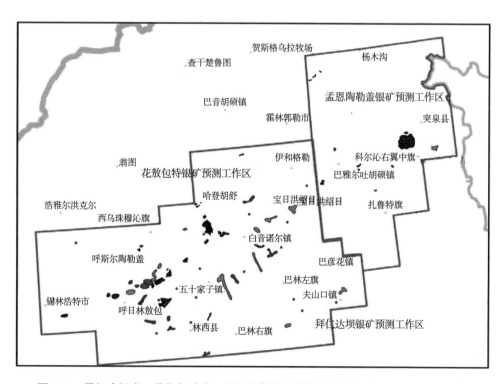

图6-1　拜仁达坝式、花敖包特式、孟恩陶勒盖式岩浆热液型银矿最小预测区分布图

资料来源：许立权等（2013）。

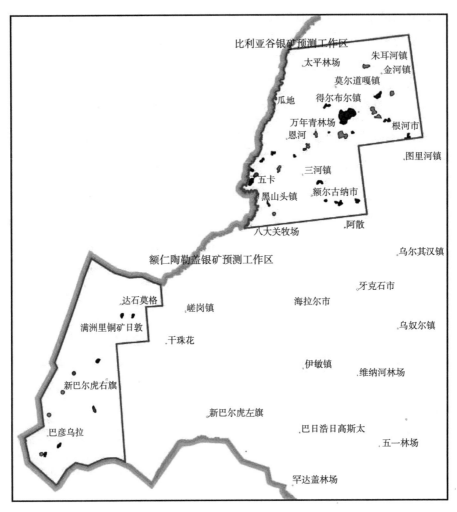

图6-2　比利亚谷式、额仁陶勒盖式陆相火山次火山（热液）型银矿最小预测区分布图
资料来源：许立权等（2013）。

6.2　资源定量预测

6.2.1　典型矿床深度及外围资源量估算

"矿床模型综合地质信息体积法"（肖克炎 等，2007）被广泛应用于"中国矿产资源潜力评价项目"中，该方法进行资源量估算的流程见图6-3。运用地质体积参数法（肖克炎 等，2013）对银矿进行定量预测，首先确定典型矿床体积含矿率，对典型矿床深部及外围进行资源量估算（表6-6）。

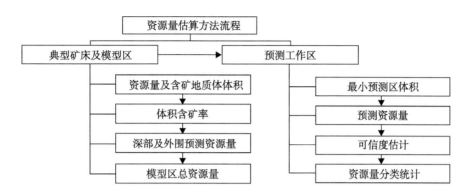

图6-3 资源量估算方法流程图

资料来源：宋昊等（2012）。

表6-6 内蒙古大兴安岭地区银矿典型矿床预测成果一览

预测类型	序号	典型矿床	经度	纬度	深部或外围名称	面积（m²）	延深（m）	体积含矿率（t/m³）	预测资源量（吨）	预测资源总量（吨）
岩浆热液型	1	拜仁达坝	1173301	440701	深部	1 337 500	100	0.000 008 7	1 165.07	7 345.4
					外围	1 612 500	440		6 180.33	
	2	孟恩陶勒盖	1212202	451218	深部	1 739 216	123	0.000 001 8	394.45	753.91
					外围	332 836	600		359.46	
	3	花敖包特	1185715	451530	深部	255 763	100	0.000 062	1 586	6 995
					外围	341 017	270		5 409	
陆相火山次火山型	1	额仁陶勒盖	1163406	482309	深部	1 564 996	50	0.000 003 3	261.9	1 727.66
					外围	876 909	499.4	0.000 003 3	1 465.76	
	2	比利亚谷	1205818	505917	深部	1 856 500	100	0.000 000 52	96.29	96.29
	3	官地	1182331	423522	深部	1 414 352	23	0.000 000 67	21.8	396.72
					外围	1 183 055	473		374.92	

6.2.2 模型区及预测区参数确定

典型矿床所在的最小预测区为模型区，参考模型区地质体面积及延深、计算模型区含矿系数，根据含矿系数计算各最小预测区预测资源量（肖克炎 等，2010）（表6-7）。

表6-7　内蒙古大兴安岭地区银矿模型区及预测区参数一览表

预测类型	预测工作区名称	模型区名称	经度	纬度	含矿地质体含矿系数	模型区预测资源总量（t）	最小预测区面积范围（km²）	最小预测区预测深度范围（m）
岩浆热液型	拜仁达坝银矿预测工作区	拜仁达坝	1173123	440608	0.000 000 57	7 345	6.89～44.78	100～440
	孟恩陶勒盖银矿预测工作区	孟恩陶勒盖	1212201	451358	0.000 001 8	753.91	0.08～49.93	270～600
	花敖包特银矿预测工作区	花敖包特	1185826	451540	0.000 008 5	6 995	0.57～94.77	150～400
陆相火山次火山（热液）型	吉林宝力格银矿预测工作区	吉林宝力格	1175531	460517	0.000 000 25	338.58	1.64～17.63	120～300
	额仁陶勒盖银矿预测工作区	额仁陶勒盖	1163553	482315	0.000 000 52	1 725.04	11.64～15.71	210～499.4
	比利亚谷银矿预测工作区	比利亚谷	1205818	505917	0.000 000 02	96.29	2.66～47.79	100～665
	官地银矿预测工作区	官地	1183222	423459	0.000 000 21	396.72	0.7～8.8	200～473

6.2.3　预测区资源量估算及其结果

共伴生银矿预测资源量＝主矿种预测资源量×伴生矿种资源量系数（肖克炎等，2014）。本次对内蒙古大兴安岭地区典型银矿床共估算银资源总量72 359.38t，其中伴生银矿9 822t。岩浆热液型银矿38 732.8t，陆相火山次火山（热液）型23 804.58t（表6-8）。

表6-8　内蒙古大兴安岭地区银矿预测区预测成果表

预测工作区顺序号	预测工作区名称	预测工作区预测资源总量（t）
1	拜仁达坝银矿预测工作区	16 473.26
2	孟恩陶勒盖银矿预测工作区	4 497.17
3	花敖包特银矿预测工作区	17 762.37
①岩浆热液型银矿总量		38 732.8
4	吉林宝力格银矿预测工作区	4 606.33
5	额仁陶勒盖银矿预测工作区	14 025.09
6	官地银矿预测工作区	2 137.32
7	比利亚谷银矿预测工作区	3 035.84
②陆相火山次火山（热液）型银矿总量		23 804.58

续　表

预测工作区顺序号	预测工作区名称	预测工作区预测资源总量（t）
①+②银矿预测资源总量		62 537.38
8	朝不楞铁矿伴生银预测工作区	947
9	白音诺尔铅锌矿伴生银预测工作区	4 280
10	余家窝铺铅锌矿伴生银预测工作区	88
11	扎木钦铅锌矿伴生银预测工作区	4 507
③伴生银矿预测资源总量		9 822
①+②+③内蒙古大兴安岭地区典型银矿床估算银资源总量		72 359.38

　　对内蒙古大兴安岭地区共划分了4个银矿资源开发基地，分别为比利亚谷银矿未来开发基地、额仁陶勒盖银矿未来开发基地、吉林宝力格－朝不愣银矿未来开发基地、孟恩陶勒盖－花敖包特－官地开发基地。预测银资源量主要位于大兴安岭成矿带新巴尔虎右旗北段及中南段兴安盟至赤峰北部地区，应集中于现有矿山的外围及深部找矿，延长矿山使用寿命。

7　PCA 和 BEMD 法在大兴安岭昆都地区的应用

　　昆都地区地处内蒙古大兴安岭地区中南段,三级构造单元为巴林左-天山复背斜(甘珠尔庙复背斜)、林西-陶海营子复向斜(林东复向斜)等,区域主构造线方向明显地展示为北东向和北北东向(图7-1)。位于东西向西拉木伦深大断裂和北东向嫩江大断裂交叉复合处,具有多期次相互叠加的特点,区域上整体表现为棋盘式的构造格局和菱形网格带(崔志强 等,2013),在中-新生代深部均有岩浆热液活动。地层展布和岩体的出露受到深大断裂的控制,两条断裂是滨太平洋活化的北北东向构造的具体表现。

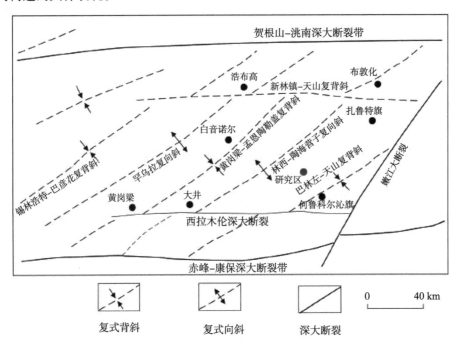

图7-1　大兴安岭昆都地区大地构造图

资料来源:张喜周等(2003)。

　　本研究基于内蒙古大兴安岭中南段突泉-翁牛特成矿带昆都等四幅区域矿产调查区1∶5万化探扫面数据,运用因子分析法(PCA)和二维经验模(BEMD)分解等原理,提取该区银多金属矿的致矿地球化学异常,开展找矿靶区成矿有利定量评价。

7.1 数据统计特征

本研究采用昆都等四幅矿调选区的1∶5万化探数据，选取Ag、Cu、Pb、Zn、Mn、Mo、Au、Bi、Sb、As、Cd、Sn、W、Ni共14种元素的含量进行分解，共计8 386件样品。样品元素检测方法如表7-1所示。数据质量的检查是地球化学数据在统计分析之前进行的必要步骤，检查的重点是缺失数据（用周围点的平均值代替）和低于检测下限指标的数据（用0替代）。

表7-1 元素检测方法

测定方法	检测元素	数目（个）
石墨炉原子吸收光谱法（AAN）	Au	1
原子荧光光谱法（AFS）	As	1
等离子体质谱法（ICP-MS）	Mn、Ni、Cu、Zn、Mo、Ag、Cd、Sn、Sb、W、Pb、Bi	12

资料来源：郭守钰（2011）。

地球化学元素分布规律是揭示元素矿化富集及空间变化规律的重要途径之一，数据的统计特征常常用来描述和刻画地球化学元素的分布规律。大兴安岭昆都研究区各元素统计参数如表7-2所示。研究区内Au元素的平均含量为0.6×10^{-9}，最高含量达200.0×10^{-9}；Ag元素的平均含量为0.110×10^{-6}，最高含量达14.6×10^{-6}；Cu元素的平均含量为14.452×10^{-6}，最高含量达$1\ 327.0 \times 10^{-6}$；Pb元素的平均含量为25.163×10^{-6}，最高含量达$9\ 123.0 \times 10^{-6}$；Zn元素的平均含量为57.860×10^{-6}，最高含量达$5\ 579.0 \times 10^{-6}$。

各地质单元元素的富集系数（K）在0.84～2.28之间，按照K＜0.8、K=0.8～1.0、K＞1.0为参数，划分对应的地球化学意义为贫化元素、背景元素、富集元素。成矿元素中Mo（1.13）、Cu（1.09）、Pb（1.04）元素相对于区域背景值显著富集，可能位于地球化学异常高背景区，分布于成矿地质条件有利地段或位于成矿区带上；Au（0.88）、Ag（1.00）、W（0.84）、Zn（0.86）、Bi（0.91）元素相对富集（K位于0.8～1.0之间），表明成矿元素具有较高的区域地球化学背景，指示该地区存在为成矿提供物质来源的矿源层体。

变异系数（Cv）在0.71～7.01之间，根据变化系数的大小，对比分析在各种地质体中元素分布的不均匀性，划分元素分布的均匀性等级，描述区内地质单元中元素的分异特征及其地球化学意义。内蒙古地区划分为三级，按照Cv<0.5、

Cv=0.5～1.0、Cv>1.0划分对应的地球化学意义为未分异元素、弱分异元素、强分异元素。变异系数大的元素（大于1）的一般是主元素，各元素活动性较强，属于成矿元素或强异常元素，均易于迁移，并在有利的成矿空间富集成矿，或形成强异常；变异系数小（小于1）的元素一般是弱异常元素或背景元素，仅具有某种地质意义，找矿意义不大（藏金生 等，2013）。研究区除了 W（0.90）、Ni（0.71）分布较均匀外，其他元素（Ag、Au等）都出现了分异（Cv>1.0），其中Pb（7.01）元素含量变化最为剧烈。结合Pb元素的标准差（147.672×10^{-6}），也可以得出Pb元素在研究区更容易富集成矿的结论。

表7-2 昆都地区化探单元素异常参数统计一览表

序号	元素	样品数	极大值	极小值	均值	标准差	Cv	k
1	Au	8 386	200.0	0.200	0.600	2.625	2.41	0.88
2	Ag	8 386	14.6	0.012	0.110	0.260	2.36	1.00
3	As	8 386	500.0	0.500	14.000	26.975	1.82	0.70
4	Sb	8 386	100.0	0.070	1.379	1.993	1.23	1.67
5	Cu	8 386	1 327.0	1.700	14.452	20.362	1.41	1.09
6	Pb	8 386	9 123.0	0.900	25.163	147.672	7.01	1.04
7	Zn	8 386	5 579.0	4.500	57.860	91.089	1.48	0.86
8	Ni	8 386	134.0	1.400	16.209	11.588	0.71	1.36
9	Mn	8 386	56 228.0	15.000	518.000	894.724	1.73	1.06
10	Cd	8 386	38.2	0.012	0.163	0.603	3.75	2.28
11	W	8 386	88.7	0.150	1.347	1.225	0.90	0.84
12	Sn	8 386	230.0	0.580	3.512	5.352	1.52	1.00
13	Mo	8 386	54.4	0.110	1.100	1.449	1.38	1.13
14	Bi	8 386	100.0	0.030	0.411	2.285	5.03	0.91

注：Au元素含量单位为 $\times 10^{-9}$，其余元素含量单位为 $\times 10^{-6}$；富集系数k为研究区背景值/区域化探背景值；变异系数（Cv）为研究区标准离差/平均值。

因子分析从研究指标相关矩阵内部的依赖关系出发，在变量群中提取共性因子。相关系数矩阵是由矩阵各列间的相关系数构成的，可以反映元素之间的相关性、相关方向以及相关程度。当相关系数大于0.5（正相关）或者小于-0.5（负相关）时，表明组合内部存在较密切的关系（覃璐雪，2017）。正相关是指变量之间变动方向相同，负相关与之相反。表7-3反映了各化探元素之间的相互联系，Pb-Sn、As-Sb、Mn-Zn-Ag-Cd三个组合存在显著的相关关系。

本研究对元素Ag、Ni、Au、Pb、Cu、Sn、Mo、Zn一系列8种元素进行对数转

表 7-3 元素相关系数矩阵

	Mn	Ni	Cu	Zn	Mo	Ag	Cd	Sn	Sb	W	Pb	Bi	As	Au
Mn	1.000													
Ni	0.171	1.000												
Cu	0.161	0.303	1.000											
Zn	0.640	0.139	0.147	1.000										
Mo	0.097	0.022	0.057	0.127	1.000									
Ag	0.532	−0.013	0.198	0.358	0.116	1.000								
Cd	0.760	0.063	0.148	0.834	0.125	0.566	1.000							
Sn	0.408	0.110	0.083	0.394	0.211	0.242	0.323	1.000						
Sb	0.202	0.317	0.140	0.245	0.150	0.440	0.212	0.225	1.000					
W	0.216	0.141	0.139	0.190	0.116	0.142	0.177	0.248	0.181	1.000				
Pb	0.471	0.027	0.068	0.422	0.085	0.454	0.402	0.605	0.301	0.122	1.000			
Bi	0.160	0.039	0.211	0.117	0.143	0.299	0.195	0.292	0.229	0.153	0.100	1.000		
As	0.216	0.195	0.143	0.364	0.312	0.273	0.286	0.408	0.517	0.186	0.383	0.212	1.000	
Au	0.013	0.019	0.066	0.017	0.046	0.058	0.027	0.033	0.037	0.015	0.029	0.031	0.065	1.000

换后，得到这些元素的对数直方图（图7-2），发现元素近似呈对数正态分布，且都是呈对数正态分布或近似对数正态分布的。

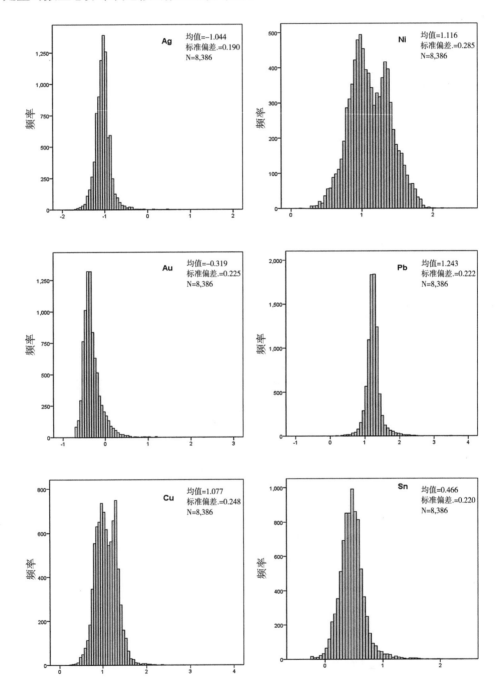

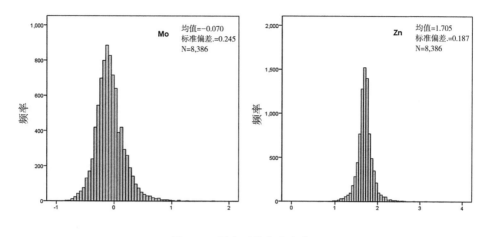

图 7-2　元素对数分布直方图

7.2　因子分析（PCA）

本研究对大兴安岭中南段昆都地区 1∶5 万化探数据进行 R 型因子分析，把指标聚合成若干类，探索元素共生组合关系，进而找出影响系统的主要因素，最终获取元素组合类别。

首先对指标的数据类型进行分析，检验待分析的原变量是否适合做因子分析，采用 KMO 检验（Kaiser–Meyer–Olkin）和巴特莱特球度检验（Bartelett test of sphericity）来检验数据间的相关性（张丽娜，2016）。KMO 统计量是取值在 0 和 1 之间。当所有变量间的简单相关系数平方和远远大于偏相关系数平方和时，KMO 值接近 1，KMO 值越接近于 1，意味着变量间的相关性越强，原有变量越适合作因子分析（齐路良 等，2015）。检验结果如表 7-4，KMO 值为 0.728，介于 0.7 与 0.8 之间，表明数据做因子分析效果较好（检验系数 >0.5）。巴特莱特球度检验的卡方值较大，且对应的 Bartlett 球形检验显著性概率 sig 值为 0，小于给定的显著性水平 0.05，所以原始变量之间存在着较强的相关性，说明处理结果适合作因子分析。

表 7-4　KMO 和 Bartlett's 球度检验结果

取样足够度的 KMO 度量		0.728
Bartlett's 球度检验	近似卡方	43279.982
	df	91
	Sig.	0

注：df 为自由度；Sig 为相伴概率；近似卡方分布为近似服从 N（n，2n）分布，n 为 df。

因子分析方法要求个案个数是变量个数的10到25倍。如果个案个数相对于变量个数而言较少，那么考虑用主成分分析法来替代。通过实际数据来求解载荷矩阵，据此对公共因子进行归类和推导。碎石图（scree plot）提供了因子数目和特征值大小的图形表示。选取特征值大于0.8的因子，由图7-3主成分分析碎石图可直观地判定出因子数目为8个，观察成分数和特征值的关系不难发现，斜率呈现总体降低的趋势，特征值越大，斜率越大，包含的信息量也就越丰富。因子的方差贡献和方差贡献率是衡量因子重要性的关键指标。解释的总方差结果如表7-5所示，计算求得累计方差贡献率为84.015%。方差贡献率的值越高，说明相对应的因子重要性越高。因子的方差贡献是一个绝对量，贡献率越接近于1，表明因子越重要。

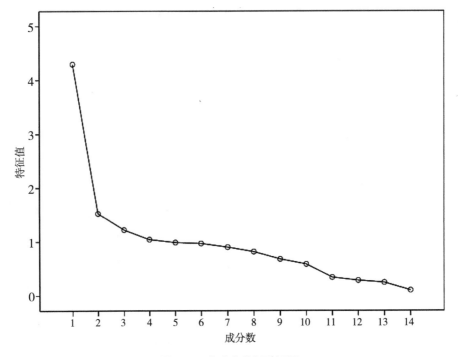

图 7-3　主成分分析碎石图

表 7-5　解释的总方差表

成分	初始特征值			提取平方和载入			旋转平方和载入		
	合计	方差（%）	累积（%）	合计	方差（%）	累积（%）	合计	方差（%）	累积（%）
1	4.297	30.692	30.692	4.297	30.692	30.692	2.865	20.463	20.463
2	1.526	10.902	41.595	1.526	10.902	41.595	1.651	11.791	32.254
3	1.222	8.726	50.321	1.222	8.726	50.321	1.577	11.265	43.519
4	1.042	7.446	57.767	1.042	7.446	57.767	1.312	9.368	52.887

续 表

成分	初始特征值			提取平方和载入			旋转平方和载入		
	合计	方差（%）	累积（%）	合计	方差（%）	累积（%）	合计	方差（%）	累积（%）
5	0.988	7.059	64.826	0.988	7.059	64.826	1.223	8.735	61.622
6	0.970	6.925	71.751	0.970	6.925	71.751	1.118	7.986	69.609
7	0.901	6.439	78.190	0.901	6.439	78.190	1.009	7.206	76.815
8	0.815	5.824	84.015	0.815	5.824	84.015	1.008	7.199	84.015
9	0.679	4.853	88.867						
10	0.584	4.171	93.039						
11	0.341	2.432	95.471						
12	0.285	2.034	97.505						
13	0.247	1.765	99.270						
14	0.102	0.730	100.000						

提取方法：主成分分析。

表7-6提起了研究区化学元素变量公因子的公因子方差，不难发现所有元素的公因子方差均在0.7以上，说明因子提取的总体成果是可以利用的。

表7-6 变量的公因子方差

	Mn	Ni	Cu	Zn	Mo	Ag	Cd	Sn	Sb	W	Pb	Bi	As	Au
初始	1	1	1	1	1	1	1	1	1	1	1	1	1	1
提取	0.785	0.804	0.759	0.802	0.898	0.799	0.913	0.874	0.873	0.972	0.801	0.786	0.707	0.991

在实际分析中，希望对因子变量的含义有比较清楚的认识。未旋转成分矩阵表（表7-7）只是反映旋转前各初始因子在原始变量上的负荷，载荷的分异性不是特别明显，也不能满足用最少的且相互独立的因子反应原有绝大多数变量的原则。为了让各因子在各变量上的载荷趋向 0 和 1 两极分化，需要进行因子旋转（刘波 等，2013）。采用方差最大化法对因子载荷进行正交旋转，计算因子负荷及主因子得分（表7-8）。旋转后的因子载荷矩阵，即旋转成分矩阵使得变量在因子上的载荷更高，反映出的元素组合更具合理性和可解释性，可以更好地体现出元素地球化学特征的指示性。

表7-7 未旋转因子载荷矩阵表

	成 分							
	1	2	3	4	5	6	7	8
Mn	0.767	−0.372	0.224	−0.011	−0.018	0.081	−0.026	0.003
Ni	0.248	0.504	0.538	−0.399	0.154	0.041	0.009	0.115
Cu	0.296	0.377	0.559	0.254	−0.100	0.056	0.036	0.372
Zn	0.763	−0.333	0.164	−0.135	0.061	0.163	−0.184	0.026
Mo	0.283	0.304	−0.419	0.080	−0.092	0.377	−0.612	0.136
Ag	0.683	−0.121	0.017	0.348	0.000	−0.391	−0.050	−0.201
Cd	0.791	−0.432	0.202	0.075	−0.002	0.064	−0.220	−0.050
Sn	0.645	0.054	−0.358	−0.166	−0.090	0.201	0.403	0.298
Sb	0.542	0.474	−0.050	−0.108	0.172	−0.456	−0.086	−0.307
W	0.355	0.240	0.082	−0.082	−0.360	0.467	0.262	−0.599
Pb	0.676	−0.159	−0.300	−0.174	0.141	−0.127	0.360	0.180
Bi	0.378	0.304	−0.089	0.544	−0.442	−0.129	0.136	0.128
As	0.603	0.406	−0.301	−0.191	0.160	−0.071	−0.141	0.004
Au	0.073	0.139	−0.019	0.508	0.731	0.359	0.183	−0.103

表7-8 旋转因子载荷矩阵表

	成 分							
	1	2	3	4	5	6	7	8
Mn	0.838	0.235	0.052	0.097	0.074	−0.031	0.098	−0.006
Ni	0.031	0.043	0.258	0.829	−0.181	−0.015	0.117	−0.036
Cu	0.151	−0.030	−0.054	0.717	0.456	0.012	−0.040	0.093
Zn	0.834	0.228	0.079	0.126	−0.085	0.146	0.068	−0.013
Mo	0.077	0.041	0.087	−0.025	0.095	0.933	0.035	0.025
Ag	0.579	0.046	0.486	−0.149	0.430	−0.107	−0.035	0.075
Cd	0.938	0.098	0.090	0.010	0.086	0.078	0.043	0.009
Sn	0.203	0.869	0.037	0.063	0.156	0.150	0.158	−0.001
Sb	0.111	0.090	0.899	0.159	0.103	0.037	0.083	0.001
W	0.129	0.083	0.082	0.071	0.092	0.041	0.962	0.012
Pb	0.366	0.763	0.254	−0.072	0.036	−0.093	−0.061	0.032
Bi	0.038	0.148	0.115	0.037	0.851	0.112	0.106	−0.021
As	0.134	0.390	0.594	0.145	0.011	0.399	0.048	0.037
Au	0.002	0.021	0.023	0.024	0.000	0.028	0.012	0.994

提取方法：主成分。旋转法：具有 Kaiser 标准化的正交旋转法。a. 旋转在 7 次迭代后收敛。

　　在旋转空间中因子1、2、3的成分图7-4中，可以从原点出发观察各个因子与各个变量的相关程度，对各因子的分布有更直观的了解，并且因子得分还可用于进一步的处理分析。

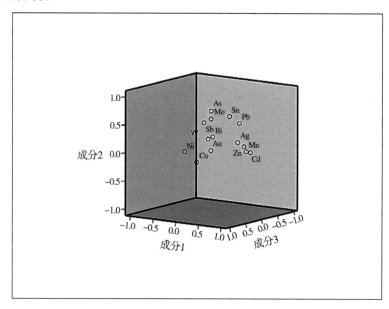

图 7-4　旋转空间中因子 1、2、3 的成分图

　　从因子得分协方差矩阵（表7-9）可以看出，地球化学元素因子之间没有线性相关性，也就是说到此已经没有了重复的信息。各因子之间是相互正交的、相互独立的，没有因子间再互相影响，说明各个因子分别指示着不同的地球化学意义。因此本次成功实现了因子分析的设计目标。

表 7-9　因子得分协方差矩阵

成分	1	2	3	4	5	6	7	8
1	1	0	0	0	0	0	0	0
2	0	1	0	0	0	0	0	0
3	0	0	1	0	0	0	0	0
4	0	0	0	1	0	0	0	0
5	0	0	0	0	1	0	0	0
6	0	0	0	0	0	1	0	0
7	0	0	0	0	0	0	1	0
8	0	0	0	0	0	0	0	1

　　提取方法：主成分。旋转法：具有 Kaiser 标准化的正交旋转法。构成得分。

根据旋转因子载荷矩阵后（表7-8）得到合理的、更具实际意义的、对成矿作用具有指示意义的元素组合，选择与各因子相对应的因子载荷（≥0.5或者是≤-0.5）的主成分元素代表，初步获得如下地球化学元素4个因子的线性组合，其余的见图7-5：

PC1：[Mn - Zn - Ag - Cr]；

PC2：[Pb - Sn]；

PC3：[As - Sb]；

PC4：[Cu - Ni].

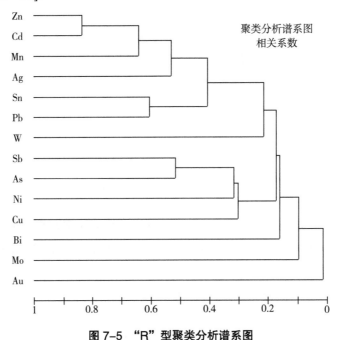

图7-5 "R"型聚类分析谱系图

依据各因子的地球化学元素组合关系等，结合区域地质（地层、构造、岩浆岩等）、成矿条件等，发现因子PC1、PC2和PC4具有明显的地质意义。而因子PC3组合[As-Sb]与硫化物和氧硫化物相关，富集于低温残余溶液或残余花岗岩中，多作为指示元素，但在区内呈面状分布，其地质意义在图上不太明显。接下来主要介绍因子PC1、PC2和PC4。通过对研究区内元素的分布、分配特征及元素共生组合的研究，总结得出如下规律。

1.因子PC1代表的元素组合[Zn-Ag-Cr-Mn]均为正载荷。从因子的元素组合上来看，它属于成岩元素组合，因子分布与区域内岩浆岩建造有关。研究区内广泛产出侵入岩，而且种类繁多，以中酸性岩为主，类型主要有：石英闪长岩、石英二长斑岩、正长斑岩、黑云母花岗岩、似斑状花岗岩、正长花岗岩等。组合元素具有典型的中、低温元素组合特征，反映了金属热液成矿作用，是主要的成矿元素及指示元素，一般共生，主要为硫化物多金属矿化。Zn 在二叠系哲斯组地层中以高背景区为主，局部富集；在二叠系林西组地层中以高背景区为主，局部富集与岩浆活动有关；在侏罗系新民组地层中以背景 - 低背景为主；在侏罗系满克头鄂博组和玛尼吐组地层中以背景 - 高背景区为主，局部富集与岩浆活动有关；在侏罗系白音高老组地层中和第四系中以背景区为主；在燕山期岩浆岩中以低背景区为主，局部有高背景分布。Ag 在二叠系哲斯组地层中以高背景区为主，局部富集；在二叠系林西组地层中以低背景区为主，虽有高背景区出现，主要与岩浆活动有关；在侏罗系新民组地层中以背景 - 低背景为主；在侏罗系满克头鄂博组和玛尼吐组地层中以背景 - 高背景区为主，局部富集或贫化与岩浆活动和热液活动有关；在侏罗系白音高老组地层中和第四系中以背景区为主；在燕山期岩浆岩中以高背景区为主。Ag 的局部富集区与岩浆活动和断裂构造活动有关。Mn 元素的分布在二叠系哲斯组地层和林西组地层中以高背景区为主，局部富集；在侏罗系满克头鄂博组和玛尼吐组地层中以低背景区为主，局部有高背景分布，与岩浆活动、热液活动及断裂构造有关。Cd 元素的分布明显受北东向构造控制，在昆都地区中部沿北东向构造带呈高背景分布，局部富集；构造带两侧则以低背景 - 背景为主。与地层的关系不甚密切。

由因子 PC1 的得分图（图 7-6）可以看出高异常分布与侵入岩具有密切的联系，特别是中生代侏罗纪黑云母花岗岩、花岗斑岩、正长花岗岩等，矿种以有色金属 Zn、Ag 为主，具有一定的成矿专属性，典型矿床如呼斯裂 - 哈布特盖锌多金属矿、西古井子锌多金属矿、郑家沟东铁锌多金属矿等。大量矿点与脉岩之间有着密切的关系，如郑家段沟银多金属矿产于花岗斑岩岩脉中；翁根毛都嘎查铜矿化产出于正长斑岩岩脉中。另外，富含银锌多金属的火山 - 沉积岩地层与构造 - 岩浆活动为研究区共同创造了成矿条件。

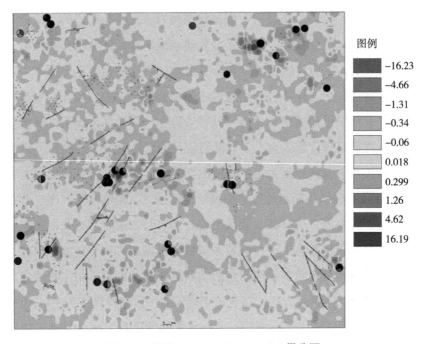

图 7-6　因子 PC1[Mn-Zn-Ag-Cr] 得分图

　　2.因子PC2代表的元素均为正载荷，为[Pb-Sn]的元素组合，属成矿元素组合。Pb在二叠系哲斯组地层中以高背景区为主，局部富集；在二叠系林西组地层中以高背景区为主，局部富集与岩浆活动有关；在侏罗系新民组地层中以背景－低背景为主；在侏罗系满克头鄂博组和玛尼吐组地层中以背景－高背景区为主，局部富集与岩浆活动有关；在侏罗系白音高老组地层中和第四系中以背景区为主；在燕山期岩浆岩中以低背景区为主，局部有高背景分布。Sn元素平均含量高于区域均值，昆都地区高背景区主要在岩体的内外接触带上，在第四系中以背景区为主，在其他地质单元中的分布规律不明显（田光明　等，2013）。一般来说，元素的共生组合与中－高温热液矿化作用相关。既有主要成矿元素Pb多金属的强异常显示，同时又有与中酸性岩浆活动有关的Sn异常显示，说明异常是由岩浆活动及其热液成矿活动形成的铅多金属矿化引起的，且处于北东向深大断裂带上（图7-1），以及黑云母花岗岩、正长斑岩与二叠系大石寨组地层接触带上，因此可以作为寻找热液型（接触交代型）铅多金属矿的有利地段。由因子PC2得分图（图7-7）可以看出，高异常分布与铅多金属已知矿点分布近似一致，铅多金属已知矿点基本上都在异常范围内。

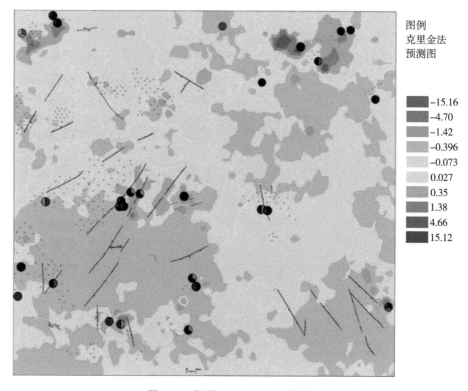

图例
克里金法
预测图

	-15.16
	-4.70
	-1.42
	-0.396
	-0.073
	0.027
	0.35
	1.38
	4.66
	15.12

图 7-7　因子 PC2[Pb-Sn] 得分图

3.因子 PC4 是 [Cu-Ni] 的元素组合，且代表的元素均为正载荷，属中温热液硫化物矿石元素组合。Cu、Ni 元素在二叠系哲斯组地层和林西组地层中以高背景区为主，局部富集；在侏罗系新民组和白音高老组地层中以背景-低背景为主；在侏罗系满克头鄂博组和玛尼吐组地层中以低背景区为主，显示出火山岩为中酸性岩的特性；第四系中以背景区为主，局部有高背景区分布，说明有次生富集现象。元素共生产出往往与含 Cu 矿化的岩浆有关，中酸性岩浆成矿系统主要分为岩浆演化阶段、成矿元素堆积阶段。与中酸性岩浆作用有关的矽卡岩型 Cu 矿床早期多发育磁铁矿化。富热液蚀变磁铁矿斑岩体是重要成矿标志。研究区成矿类型多样，多种矿床共生。除上述成因外，岩浆 Cu、Ni 硫化物矿床与基性-超基性岩体具有空间和成因联系，异常的分布受基性-超基性岩带的制约（刘崇民 等，2001），这些矿物组合代表岩浆结晶、沉积、退变等一系列作用以及不同级别区域变质中变质重结晶作用的不同阶段。从因子 PC4 的因子得分图（图 7-8）中可以看出，研究区高异常的分布与铜多金属已知矿点分布一致，已知矿点基本上都在异常范围内，且多处于北东向深大断裂带上（图 7-1）。

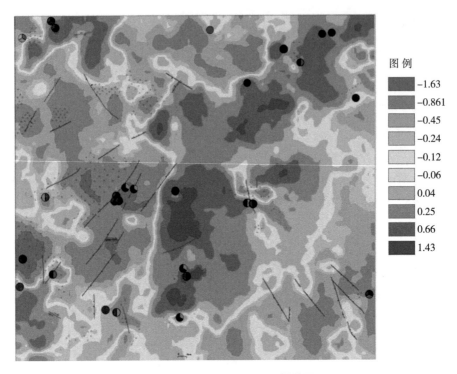

图例

- −1.63
- −0.861
- −0.45
- −0.24
- −0.12
- −0.06
- 0.04
- 0.25
- 0.66
- 1.43

图 7-8　因子 PC4[Cu–Ni] 得分图

7.3　二维经验模型分解提取矿致化探异常

据因子分析法结论获知，元素组合 PC1[Mn − Zn − Ag − Cr]、PC2[Pb − Sn] 和 PC4[Cu − Ni] 分别代表了研究区内最主要的与多金属矿化有关的致矿元素组合。所以对 PC1、PC2 和 PC4 主因子进行二维经验模分解，分别提取银锌、铅锡和铜镍矿致异常，并圈定出相应的找矿靶区或高背景异常。本研究的传统分量分解停止条件标准差 SD 取 0.5，将因子 PC1、PC2 和 PC4 全部分解出 3 个 BIMF 分量和一个剩余分量。BIMF1，BIMF2，BIMF3 在相同段内频率逐步递减，剩余分量在排除干扰因素的情况下，往往代表地球化学高背景区或突出的弱小异常（吴越 等，2010）。数据之间的正交性可以反映数据相互之间的独立性，有些信号很难得到较好的正交性，只能接近满足正交，Huang 等（1998）认为这种 IMF 分量实际处理结果是有实际意义的。

7.3.1　主因子 PC2，二维经验模分解提取铅锡异常

首先对 PC2 元素组合的因子得分进行二维经验模分解，分别提取铅锡矿致异

常，并圈定出相应的找矿靶区或高背景异常。主因子 PC2 共分解出 3 个 BIMF 分量（BIMF1，BIMF2，BIMF3）和一个剩余分量（RES）。检验结果如表 7-10 所示，IO 值都相对较小，分量不但可以满足正交性要求，而且反映了所包含的信息，所以认为各分量基本满足正交性。三个分量中的 BIMF3 具有一定地质内涵和意义。通过克里金插值进行图像重构，成图效果如图 7-9 所示。

表 7-10　主因子 PC2 的元素组合正交性分解检验

IO	BIMF1	BIMF 2
BIMF2	0.0081	
BIMF3	0.0096	0.2342

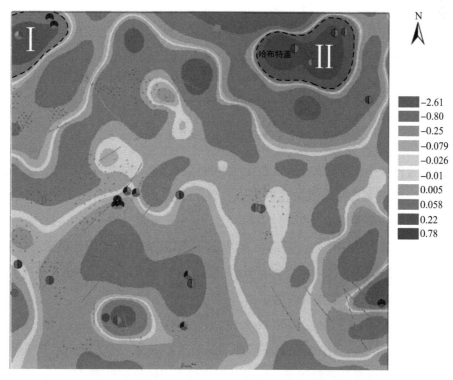

图 7-9　BEMD 分解因子 PC2 组合得到的 BIMF3 分量图

由主因子 PC2 二维经验模分解出的 BIMF3 分量具有明显的矿化意义。将 BIMF3 分段求得各段的频数、累积频率，并在海森概率格纸上绘制累积概率分布图（图 7-10），根据图中的拐点求得下限为 0.22。将该数值作为阈值在 BIMF3 分量图上圈定铅锡多金属矿靶区（图 7-7）。圈定的 Pb-Sn 致矿异常编号分别为 PC2-I、PC2-II 号异常。

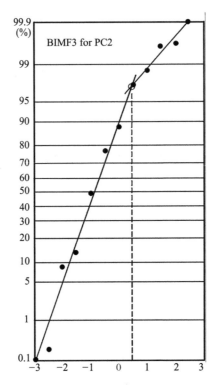

图7-10 PC2主因子BIMF3分量的概率格纸分布图

推测的PC2-Ⅰ号异常高背景区位于昆都地区西北部，呈北东向展布。远景区出露地层有二叠系大石寨组浅灰色砂砾岩、砂质灰岩、含砾灰岩、变质细砂岩、板岩、页岩等和侏罗系满克头鄂博组深灰色、浅色凝灰砂砾岩、安山岩、酸性凝灰岩、中性凝灰岩、酸性熔岩、局部夹玄武岩薄层；侵入岩有侏罗纪黑云母花岗岩、正长斑岩、花岗斑岩；区内发育大量脉岩，脉岩走向有北北东向、北北西向、近南北向和近东西向，岩性以中酸性为主。

远景区异常元素组合主要以Pb为主，伴生Cu、Ag、Zn、As、Mn、Au、W、Sn、Bi、Mo等元素，与中酸性岩浆活动和热液活动有关，所分析元素几乎都有异常显示，各元素浓度分带较明显。区内各期次侵入岩的外接触带及围岩，由于热液活动作用形成绿帘石化、黄铁矿化、绿泥石化、硅化、褐铁矿化、孔雀石化及微铅锌矿化等矿化蚀变发育，并新发现铅锌银多金属矿化点一处。

根据地球化学异常特征、地质特征认为，区内地球化学异常的形成与侏罗纪黑云母花岗岩（$J\gamma\beta$）侵入活动、热液成矿活动和断裂构造活动有关，地球化学异常主要由热液多金属矿化及蚀变引起的，且地处地质成矿有利区段，因此，认为该区是寻找热液型（或接触交代型）Pb多金属矿床的有利区段。远景区构造特征属华北板块北部古生代陆缘增生带，同时受到中生代滨西太平洋构造的影响强烈。位于大兴安岭成矿带中南段，地质条件利于 Pb 多金属成矿。多期岩浆活动为成矿物质的富集及运移提供了充足的热能，中生代侵入岩、晚古生代侵入岩及中生代岩浆活动与成矿关系密切。

推测的 PC2-Ⅱ号异常高背景区位于昆都地区东北部的宝山村–前霍布艾勒北东向断裂带的东北段，以及宝山村–哈布特盖复背斜东北段，呈北东向带状展布。异常区出露地层有二叠系大石寨组浅灰色砂砾岩、砂质灰岩、含砾灰岩、变质细砂岩、板岩、页岩等和侏罗系满克头鄂博组深灰色、浅色凝灰砂砾岩、安山岩、酸性凝灰岩、中性凝灰岩、酸性熔岩、局部夹玄武岩薄层，还有侏罗系玛尼吐组深灰色、浅色中性凝灰岩、安山岩、英安岩；侵入岩主要有侏罗系黑云母花岗岩和正长岩，脉岩以花岗斑岩、正长斑岩、花岗闪长岩、闪长玢岩等为主，走向多为北东向和近南北向。区内各期次侵入岩的外接触带及围岩，由于热液活动作用形成绿帘石化、黄铁矿化、绿泥石化、硅化、褐铁矿化、孔雀石化及微铅锌矿化等矿化蚀变发育，在此聚集了地球化学异常和矿化点及蚀变吻合。

根据地球化学异常特征、地质特征认为，区内地球化学异常的形成与侏罗纪黑云母花岗岩（Jγβ）侵入活动、热液成矿活动和断裂构造活动有关，地球化学异常主要由热液多金属矿化及蚀变引起的，且地处地质成矿有利区段。

7.3.2　主因子 PC1，二维经验模分解提取银锌异常

主因子 PC1 组合元素具有典型的中、低温元素组合特征，反映了银锌多金属热液成矿作用。BEMD 将 PC1 数据分解出 3 个 BIMF 分量和 1 个剩余分量（RES）。主因子 PC1 的剩余分量（RES）具有一定的地质内涵，通过克里金法插值对剩余分量进行重构，处理效果如图 7-11。将剩余分量分段求得各段的频数、累积频率，并在海森概率格纸上绘制累积概率分布图，根据图中的拐点求得下限为 2.68。将该数值作为阈值在剩余分量图上圈定银锌高背景有利成矿带。圈定的 Ag-Zn 致矿异常编号分别为 PC1-Ⅰ、PC1-Ⅱ号异常，位于北东走向上的断裂带上，形态上呈现两个高、正浓集中心。

推测的 PC1-Ⅰ号异常高背景区位于昆都地区西南部，呈北东向展布。位于侏罗系满克头鄂博组与红石碰子中粗粒黑云母正长花岗岩体接触带上。北东向次级构造发育，成为本区主要的容矿和导矿构造。推测的 PC1-Ⅱ号异常高背景区位于东北部，出露地层为二叠系大石寨组，被规模较小或埋藏较浅的侏罗纪黑云母花岗岩

（岩株）所侵入，从而引起高频异常。两个异常浓集中心为正异常，中间为负异常。正异常区囊括了大部分银锌矿床（点），证明分解相对较成功。

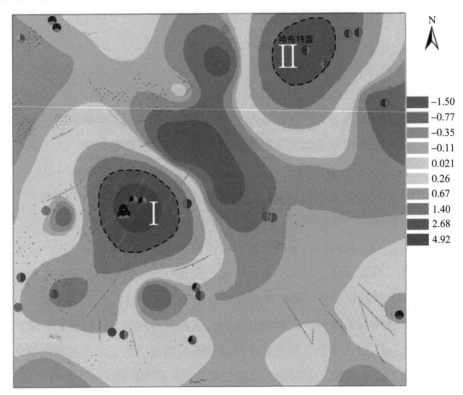

图 7-11　BEMD 分解因子 PC1 组合得到的剩余分量（RES）图

7.3.3　主因子PC4，二维经验模分解提取铜镍异常

首先对PC4元素组合的因子得分进行二维经验模分解，分别提取铜镍矿致异常，并圈定出相应的找矿靶区或高背景异常。主因子PC4共分解出3个BIMF分量（BIMF1，BIMF2，BIMF3）和一个剩余分量（RES）。检验结果如表7-11所示，IO值都相对较小，分量不但可以满足正交性要求，而且反映了所包含的信息，所以认为各分量基本满足正交性。三个分量中的BIMF3具有一定地质内涵和意义。通过克里金插值进行图像重构，成图效果如图7-12所示。

表7-11　主因子PC4的元素组合正交性分解检验

IO	BIMF1	BIMF 2
BIMF2	0.0204	
BIMF3	0.0201	0.1961

由主因子PC4二维经验模分解出的BIMF3分量具有明显的矿化意义。将BIMF3分段求得各段的频数、累积频率，并在海森概率格纸上绘制累积概率分布图，根据图中的拐点求得下限为0.23。将该数值作为阈值在剩余分量图上圈定铜镍高背景有利成矿带（图7-12）。圈定的Cu-Ni致矿异常编号分别为PC4-Ⅰ、PC4-Ⅱ和PC4-Ⅲ号异常。

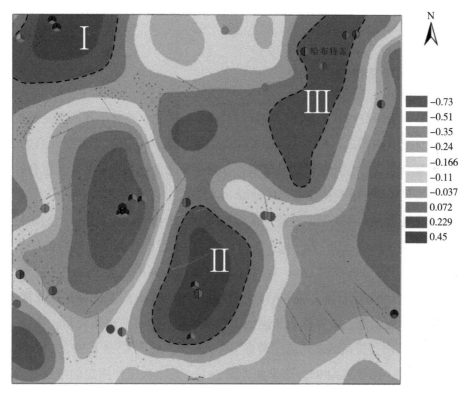

图 7-12 BEMD 分解因子 PC4 组合得到的 BIMF3 分量图

推测的PC4-I号异常高背景区位于昆都地区西北部，呈北东向展布。远景区出露地层有二叠系大石寨组；侵入岩有侏罗纪黑云母花岗岩、正长斑岩、花岗斑岩；区内发育大量脉岩，脉岩走向有北北东向、北北西向、近南北向和近东西向，岩性以中酸性为主。多期岩浆活动为成矿物质的富集及运移提供了充足的热能，中生代侵入岩、晚古生代侵入岩及中生代岩浆活动与成矿关系密切。异常元素组合与中酸性岩浆活动和热液活动有关。推测的PC4-Ⅱ和PC4-Ⅲ号异常共同位于北东走向的深大断裂上，其中大部分的铜镍矿已知矿点都落在圈定的靶区内或靶区周围。两个高异常区均位于小岩体和地层接触带上。由于热液活动作用形成绿帘石化、黄铁矿化、绿泥石化、硅化、褐铁矿化、孔雀石化及微铅锌矿化等矿化蚀变发育，并新发现多金属矿化点一处。

根据地球化学异常特征、地质特征认为，区内地球化学异常的形成与侏罗纪黑云母花岗岩（J$\gamma\beta$）侵入活动、热液成矿活动和断裂构造活动有关，地球化学异常主要由热液多金属矿化及蚀变引起的，且地处地质成矿有利区段。

7.4 昆都地区哈布特盖靶区验证

7.4.1 靶区优选

在成矿系统研究和找矿预测取得阶段成果的基础上，在找矿预测圈定的找矿远景区内，优选找矿靶区。靶区优选的原则是：①完成1：5万矿产远景调查的地区；②成矿地质背景良好，处于矿化异常带；③化探异常面积大，异常元素组合好，异常强度中等到较高；④有矿化显示的地段。

基于上述原则，本次靶区验证（即异常查证）选在哈布特盖靶区。哈布特盖靶区既位于突泉-翁牛特Pb-Zn-Ag-Cu-Fe-Sn-REE成矿带与燕山期中酸性岩浆活动有关的Fe、Zn、Pb、Cu、Au、W、Ag矿床成矿系列内，又处在由主因子PC1、PC2、PC4二维经验模分解并提取的Pb-Sn、Ag-Zn、Cu-Ni共同的矿致异常内的。后者也许暗示着铅锡、银锌矿化和铜镍矿化共享同一个成矿地质背景。"内蒙古赤峰市昆都地区1：5万区域矿产地质调查"在该地区圈定了1：5万Pb、Sn、Zn、Ag化探综合异常，编号为AP05。该异常（图7-13）与本次工作圈定的哈布特盖靶区位置是吻合的，只是形状有所差异。

7.4.1.1 地质概况

异常区第四系覆盖范围较大，约占异常面积的二分之一。出露地层有二叠系大石寨组的一套碎屑岩，岩性为浅灰色砂砾岩、砂质灰岩、含砾灰岩、变质细砂岩、板岩、页岩有时夹大理岩，局部还夹有安山岩、英安岩、角砾凝灰岩薄层和侏罗系满克头鄂博组的深灰色、浅灰色砂砾岩、安山岩、酸性凝灰岩、中性凝灰岩和酸性熔岩。区内还有小岩株侵入，岩性有黑云母花岗岩和正长斑岩。

7.4.1.2 地球化学异常特征

该异常在异常评序中位列第一，以Pb、Sn、Zn为主要成矿元素，伴生异常元素有Cd、Mn、Ag、As、Sb、Bi、Mo、W、Ni、Au、Cu，各元素异常空间吻合好，有统一的浓集中心，而且浓集中心明显，异常强度高，规模大，元素组合复杂。多个元素浓度分带显著，其中 Pb、Zn、Ag、Mn、Sn、Mo、W、Bi、As、Cd 等 10 种元素具有三级浓度分带，Au、Sb、Cu 具有二级浓度分带。主要成矿元素最高含量 Pb 为 $9\,123 \times 10^{-6}$、Zn 为 $5\,579 \times 10^{-6}$、Ag 为 3.26×10^{-6}、Mn 为 $56\,228 \times 10^{-6}$、Au 为 10×10^{-9}、Sn 为 230×10^{-6}、Mo 为 39.3×10^{-6}。铅锌最高值已达到边界品位。从剖析图上（图 7-12）可以看出 Pb 有三个点位达到了边界品位，其他元素异常特征见表 7-12。

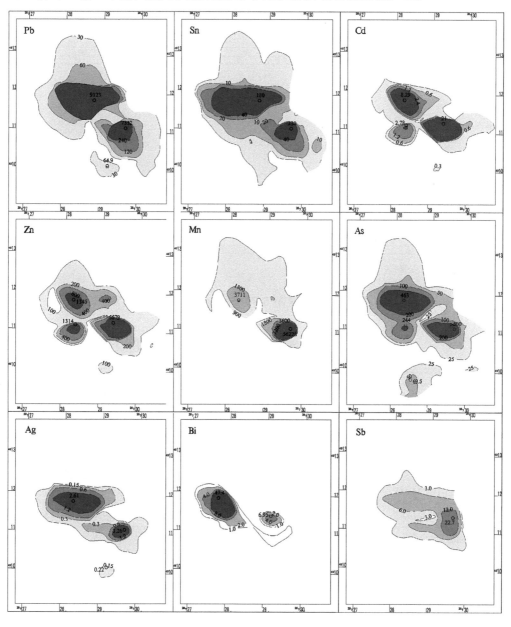

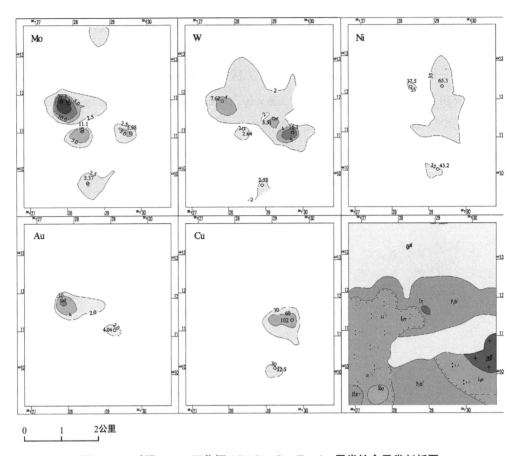

0　1　2公里

图 7-13　矿调 1∶5 万化探 AP5 Pb-Sn-Zn-Ag 甲类综合异常剖析图

表7-12　AP5甲异常各元素异常特征值统计表

元素	Pb	Sn	Cd	Zn	Mn	As	Ag
面积	6.226 6	7.159 8	3.320 5	4.132 1	3.770 8	3.018 1	3.055 5
形状	不规则	不规则	不规则	不规则	不规则	不规则	不规则
最高值	9 123	230	21	5 579	56 228	500	3.26
平均值	1 033	33.085	3.980 6	833	5142	144	0.74
衬度	34.441	6.616 9	13.269	8.328 9	5.713 1	5.769 1	4.933 3
规模	214.45	47.376	44.057	34.416	21.543	17.412	15.073 8
异常下限	30	5	0.3	100	900	25	0.15
浓度分带	3	3	3	3	3	3	3
元素	Bi	Sb	Mo	W	Ni	Au	Cu
面积	1.446 8	2.954 0	2.315 1	3.614 2	1.597 2	0.748 0	0.805 0
形状	不规则	不规则	不规则	不规则	不规则	近椭圆	不规则

元素	Bi	Sb	Mo	W	Ni	Au	Cu
最高值	47.4	22.7	39.3	16.1	65.3	10	102
平均值	8.496 3	8.69	7.472 3	3.677 6	45.271 4	5.04	59.514
衬度	8.496 3	2.896 7	2.988 9	1.838 8	1.293 5	2.52	1.983 8
规模	12.292 1	8.556 9	6.919 7	6.645 8	2.065 9	1.885 1	1.596 9
异常下限	1	3	2.5	2	35	2	30
浓度分带	3	2	3	3	1	2	2

单位：$Au \times 10^{-9}$，其他 $\times 10^{-6}$。

7.4.1.3　地球化学异常解释推断

从元素组合异常可以看出，既有低温热液指示元素 As、Sb 的强异常显示，又有主要成矿元素 Pb、Zn、Ag 强异常显示，同时又有与中酸性岩浆活动有关的 W、Mo、Sn、Bi 异常显示，说明异常是由岩浆活动及其热液成矿活动形成的铅锌银等多金属矿化引起的，且处于北东向深大断裂带上，以及黑云母花岗岩、正长斑岩与二叠系大石寨组地层接触带上，具有良好的成矿地质背景，是寻找铅锌银等多金属矿的有利地段。综上所述，该异常是由酸性岩浆热液活动形成的铅锌矿化引起的。在注意寻找热液型（接触交代型）铅锌矿床的同时，还应注意寻找斑岩型钼矿等。基于上述工作程度、化探综合异常特征及成矿地质背景，选定哈布特盖地区作为找矿靶区进行验证。

7.4.2　靶区查证

哈布特盖位于阿旗坤都镇北西约 10km，行政区划隶属于坤都镇管辖。矿区出露地层主要为上二叠统大石寨组（P_1ds^1），主要岩石组合为变质砂岩、板岩、砂质板岩、钙质砂岩、粉砂岩、夹灰岩透镜体。侵入岩于矿区西部出露灰白色中细粒花岗闪长岩岩体及北西向分布的灰白－浅肉红色花岗斑岩脉。断裂构造表现为东西向比较开阔的沟谷及北西向的浅性沟谷和断裂破碎带，后者为矿区的容矿构造。变形带分布在哈布特盖北部，发育在下二叠统大石寨组与上侏罗统满克头鄂博组之间，近东西走向、宽度大于 200m 的弱韧性变形带，由流纹质构造片岩组成，岩石发育透入性韧性变形构造。

矿体特征：哈布特盖铅锌矿在勘查范围内经勘查共发现有工业价值的矿（化）体两条，分别编号分别为 1 号和 2 号矿（化）体。其中，1 号矿（化）体分布于矿区中西部，赋矿围岩为上二叠统大石寨组（P_1ds^1）砂质板岩，与矿体界线清楚，矿体两侧围岩均见有不同程度的硅化、绢云母、绿泥石化和黄铁矿化。矿体总体走向172°，倾向北，倾角67°～75°；矿体长200m，地表控制长度50m，产于硅化破碎带中。与DHJ2-3号异常位置相当。破碎带内岩石破碎强烈，呈硅化、褐铁矿化、碳酸盐化较发育，褐铁矿化呈团块状、细脉状。经地表拣块取样分析：Pb0.75%、Zn0.44%、Ag37g/t。深部由10个钻孔控制，矿体斜深230m。资源储量估算的赋矿标高516～278m，矿体最大厚度19.34m，最小厚度5.51m，矿体平均厚度10.17m，矿体呈脉状，沿着倾向由矿体向深部逐渐变薄（图7-13）。最高品位Pb: 21.10×10^{-2}；Zn: 11.35×10^{-2}；Ag: 330.6×10^{-6}。矿体平均品位Pb: 3.3×10^{-2}；Zn: 2.27×10^{-2}，伴生Ag平均品位为14.31×10^{-6}。由地表向深部总有变低趋势（姚井山 等，2008）。

2号矿体分布于矿区的东部，为隐伏矿体，在1号矿体的东500m处，地表未出露，矿体长度100m，深部由5个钻孔控制。矿体总体走向107°，倾向南，倾角58°～60°。赋矿围岩为上二叠统大石寨组（P_1ds^1）砂质板岩，矿体两侧围岩见有较强的硅化、绢云母化，也有不同程度的绿泥石化、黄铁矿化。矿体总体受构造控制，与围岩界线清楚，矿石氧化程度不高。矿体斜深161m，资源储量估算的赋矿标高466～303m；矿体最大厚度9.07m，最小厚度4.23m，矿体平均厚度6.46m；矿体单样最高品位Pb为6.24×10^{-2}、Zn为3.64×10^{-2}。平均品位Pb为3.11×10^{-2}、Zn为1.93×10^{-2}。矿体品位相对变化不大，矿体呈小脉状（张雪冰，2017）。

矿床类型：哈布特盖位铅锌银赋矿地层主要为二叠系大石寨组砂质板岩等，近矿围岩中的矿物有被石英、绢云母、绿泥石、黄铁矿交代现象，但呈原矿物假象出现。东西向张扭性构造是良好的容矿构造。矿化主要沿构造裂隙充填，蚀变类型主要有褐铁矿化、硅化、绢云母化、孔雀石化及绿泥石化等，近矿围岩蚀变是直接找矿标志。燕山期花岗岩类杂岩体的外接触带是找矿有利地段。深部方铅矿、闪锌矿呈星点状、细脉状或网脉状，具有黄铁矿化、碳酸盐化、褐铁矿化等蚀变。哈布特盖铅锌银矿具乌腊德阿吉拉根火山机构南西约10km，火山热液为成矿提供物质来源，成因类型属中低温脉状热液构造裂隙充填型，形成时代应于晚侏罗世早中期（何常胜 等，2013）。

综合评述：在哈布特盖靶区验证区，从地表探槽揭露和深部钻孔验证结果可见，矿区产出的铅锌银矿体单工程厚度和品位均达到工业矿体的要求，且矿体沿着走向和倾向均有延伸，表明矿化体规模较大，具备找矿远景。通过资源储量初步估算，探获Pb为3.9×10^4t、Zn为2.6×10^4t、伴生Ag为17.26 t，共计约6.6×10^4t（杨帆，2017），矿体规模有望达到中型。

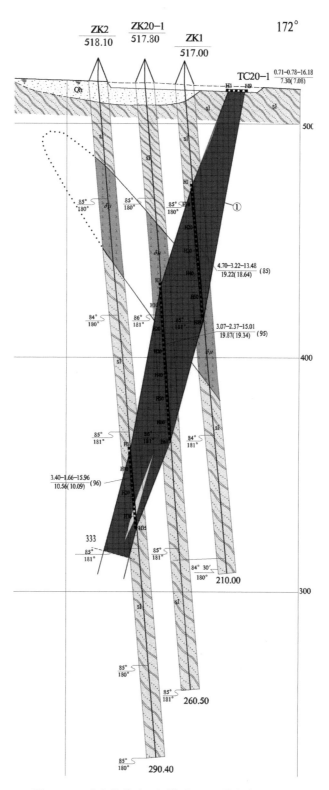

图 7-14 哈布特盖矿区铅锌矿 20 号勘查线剖面图

8 结 论

通过对研究区域银矿床成矿规律、控矿因素、成矿模式、找矿模型，并进行成矿预测和靶区评价，本研究得出如下结论。

1.系统阐述了区域成矿地质背景（地层、岩浆岩等）、区域构造演化关系、区域成矿作用，并对区域地球物理、地球化学等特征进行总结，论述了其与成矿的关系。区内矿床类型主要分为岩浆热液型银矿、复合内生型等，对区内具有代表性的双尖子山、敖包吐、二道河等大型－超大型银多金属矿床进行了剖析，进一步明确了区域典型矿床地质特征、矿体特征等，对典型矿床成因和成矿模式进行了论述。

2.根据矿床的分布、成因类型、成矿时代，充分考虑其成矿地质条件，结合区域构造、区域地层、岩浆岩等进行合理划分，从成矿物质来源、成矿环境和成矿作用等方面对矿床的时空分布规律和控矿因素进行了深入研究。将内蒙古大兴安岭地区主要划分为：

（1）突泉－翁牛特Pb-Zn-Ag-Cu-Fe-Sn-REE成矿带：本成矿区带矿产资源丰富，是铅、锌、铜、银、钼的主要成矿带，成矿潜力大，主要有四个矿产预测类型：热液型、斑岩型、岩浆型及接触交代型。成矿带内因为有黄岗梁、花敖包特、宝日洪绍日等多个成型矿山、工作程度较高。又由与燕山期中酸性岩浆活动有关的Fe、Zn、Pb、Cu、Au、W、Ag矿床成矿系列等3个构成。

（2）新巴尔虎右旗－根河（拉张区）Cu-Mo-Pb-Zn-Ag-Au-萤石-煤（铀）成矿带：该成矿带其中优势矿种为铁、铜、铅锌、银、钼、锡、硫铁矿，带内已知36处矿产地，本成矿区带涉及矿种较多，多金属矿种成矿潜力较大。矿床类型有斑岩型铜钼矿床、热液型金、银矿床，海相中基性－中酸性火山－侵入岩有关的铁、铁锌矿床。本成矿带拥有八大关、地营子、乌努格吐山及甲乌拉4个勘查部署区，区内最小预测区密集且A、B类较多，并有多个成型矿山，工作程度较高。

（3）东乌珠穆沁旗－嫩江（中强挤压区）Cu-Mo-Pb-Zn-Au-W-Sn-Cr成矿带：该成矿带横亘于内蒙古自治区北部及东部，东西全长大于1.2km，是极具找矿前景的成矿区带之一。

3.构建典型银多金属矿床综合信息勘查模型。根据矿产预测类型划分，内蒙古大兴安岭地区银多金属矿主要涉及矿产类型有：岩浆热液型银矿、陆相火山次火山（热液）型银矿、矽卡岩型（接触交代－热液型）等。

4.通过综合研究大地构造特征、区域矿产特征以及重力、航磁、化探、遥感等预测要素特征，提取了成矿区带成矿系列的预测要素，填制成矿要素表、预测要素表，编制典型矿床成矿要素图、典型矿床预测要素图。通过对典型矿床的成矿地质背景、控矿因素及与物化探异常关系的研究，编制了典型矿床成矿模式图、预测模型图。在多元信息集成的基础上划分了成矿远景区和找矿靶区。

5.将内蒙古大兴安岭地区共划分了4个银矿资源开发基地，分别为比利亚谷银矿未来开发基地、额仁陶勒盖银矿未来开发基地、吉林宝力格－朝不愣银矿未来开发基地、孟恩陶勒盖－花敖包特－官地开发基地。预测银资源主要位于大兴安岭成矿带新巴尔虎右旗北段及中南段兴安盟至赤峰北部地区，应集中于现有矿山的外围及深部找矿，延长矿山使用寿命。

6.运用成矿地质体体积法，借助MRAS等软件对内蒙古大兴安岭预测区典型银矿床进行了资源量估算，共估算银资源总量72 359.38t，其中岩浆热液型银矿38 732.8t、陆相火山次火山（热液）型23 804.58t、伴生银矿9 822t。预测银资源主要分布于大兴安岭成矿带新巴尔虎右旗北段及中南段兴安盟至赤峰北部地区。

7.基于内蒙古大兴安岭中南段昆都地区1∶5万化探扫面数据，利用因子分析法（PCA）和二维经验模分解（BEMD），提取该区多金属矿床的致矿地球化学异常，并进行了找矿靶区圈定工作。据因子分析法获知，元素组合PC1[Mn-Zn-Ag-Cr]、PC2[Pb-Sn]和PC4[Cu-Ni]分别代表了研究区内最主要的与多金属矿化有关的致矿元素组合。对PC1、PC2和PC4主因子进行二维经验模分解，分别提取银锌、铅锡和铜镍矿致异常，并圈定出相应的找矿靶区，共计7处。最终，通过靶区优选，对哈布特盖靶区进行了查证。

参考文献

白翠霞，李泊洋，苏士杰，等，2010.敖包吐铅锌银多金属矿地质特征及成矿规律[J].西部资源，(5)：4-5.

白大明，付国立，聂凤军，等，2011.内蒙古东南部矽卡岩型金属矿床的综合找矿模式[J].吉林大学学报（地球科学版），41(6)：1968-1976.

常忠耀，赵文涛，李虎平，等，2007.内蒙古东部重力场特征以及寻找内生矿床的意义[J].物探与化探，31(4)：317-319.

陈祥，2000.内蒙古额仁陶勒盖银矿床成岩成矿模式[J].桂林理工大学学报，20(1)：12-20.

陈良，张达，狄永军，等，2009.大兴安岭中南段区域成矿规律初步研究[J].地质找矿论丛，24(4)：268-274.

曹桐生，田景春，朱迎堂，等，2011.内蒙古阿尔山地区下寒武统苏中组混合沉积特征及形成环境研究[J].沉积学报，29(1)：55-63.

陈永清，韩学林，赵红娟，等，2011.内蒙花敖包特Pb-Zn-Ag多金属矿床原生晕分带特征与深部矿体预测模型[J].地球科学 - 中国地质大学学报，36(2)：236-246.

陈永清，周顶，郭令芬，2014.内蒙古花敖包特铅锌银多金属矿床成因探讨：流体包裹体及硫、铅、氢、氧同位素证据[J].吉林大学学报（地），(5)：1478-1491.

陈永清，赵彬彬，2011.应用奇异值分解与二维经验模型分解提取金矿化致矿重力异常.地质通报，30(5)：661-669

陈永清，莫宣学，2021.超大型矿床成矿背景–过程–勘查三位一体的找矿理念[J].地学前缘，28(3)：26-48.

成秋明，2011.地质异常的奇异性度量与隐伏源致矿异常识别[J].地球科学 - 中国地质大学学报，36(2)：307-316.

成秋明，2012.覆盖区矿产综合预测思路与方法[J].地球科学（中国地质大学学报），37(6)：1109-1125.

成秋明，2012.增强证据权（BoostWofE）新方法在矿产资源定量评价中的应用[J].吉林大学学报（地球科学版），42(6)：1976-1985.

崔学武，姜胜华，李洪宝，等，2015.内蒙古二道河银铅锌矿床综合找矿模式[J].矿产勘查, 6(6): 667-678.

崔志强, 胥值礼, 高卫东, 2013.内蒙古西拉木伦中段及邻区航磁推断地质构造特征[J].物探化探计算技术, 35(6): 658-663.

丁雪, 2010.满洲里-额尔古纳地区佳疙瘩组变质岩系变质变形研究[D].长春: 吉林大学.

丁秋红, 陈树旺, 商翎, 等, 2014.大兴安岭东部地区下白垩统龙江组新认识[J].地质与资源, 23(3): 215-221.

杜青松, 2016.内蒙古正镶白旗环形构造成因及其找矿意义[J].矿产保护与利用, (4): 49-53.

杜青松, 2017.白音诺尔-双尖子山-浩布高多金属矿集区基本地质特征[J].有色金属科学与工程, (2): 63-69.

杜青松, 2017.大兴安岭中南段夕卡岩型铅锌矿床地质特征及成因[J].矿产勘查, 8(3): 366-373.

杜玉林, 荆勇河, 张永清, 等, 2009.内蒙古拜仁达坝银铅锌多金属矿找矿模型[J].地质调查与研究, 32(2): 131-137.

范永香, 阳正熙, 2003.成矿规律与成矿预测[M].北京: 中国矿业大学出版社.

樊永刚, 蒙奎文, 2010.内蒙古铜地球化学异常研究与成矿预测区的划分[J].大科技·科技天地, (12).

方俊钦, 赵盼, 徐备, 等, 2014.内蒙古西乌珠穆沁旗哲斯组宏体化石新发现和沉积相分析[J].岩石学报, 30(7): 1889-1898.

高嵩, 2014.内蒙古大兴安岭比利亚谷铅锌矿床地质特征与成因研究[D].长春: 吉林大学.

高立明, 2004.西拉木伦河断裂带基本特征及其动力学意义[D].北京: 中国地质科学院.

耿文辉, 2005.中国东部中生代次火山岩型铜银多金属矿床地质特征及找矿评价标志[D].成都: 成都理工大学.

顾玉超, 陈仁义, 贾斌, 等, 2017.内蒙古双尖子山银多金属矿床花岗斑岩年代学、地球化学特征及构造意义[J].地质与勘探, 53(3): 495-507.

郭锋, 范蔚茗, 王岳军, 等, 2001.大兴安岭南段晚中生代双峰式火山作用[J].岩石学报, 17(1): 161-168.

郭令芬, 2010.内蒙古花敖包特银铅锌多金属矿床地球化学及成因研究[D].北京: 中国地质大学（北京）.

郭令芬，2011.内蒙古花敖包特银铅锌多金属矿床容矿岩石地球化学特征[J].哈尔滨师范大学自然科学学报，27（6）：85-88.

郭守钰，2011.大兴安岭中南段二叠系地层特征及成矿背景分析[D].石家庄：石家庄经济学院.

韩建刚，董承维，许燕，等，2015.大兴安岭南麓铜多金属矿整装勘查区区域地质背景与找矿潜力分析[J].西部资源，（2）：167-169.

韩学林，2010.内蒙古花敖包特铅锌银多金属矿床原生晕特征及深部预测[D].北京：中国地质大学（北京）.

韩志敏，兰生科，刘亮，2016.内蒙古东部敖包吐铅锌多金属矿地质特征及矿床成因分析[J].自然科学（文摘版），（6）：161.

郝立波，冯朔伟，赵玉岩，等，2014.大兴安岭北段三道湾子碲金型矿床的原生晕分带及意义[J].物探与化探，（2）：284-288.

何常胜，王立明，路跃军，2013.内蒙古哈布特盖银铅锌矿地质特征及成矿规律[J].科技与企业，（1）：138.

胡鸿飞，胡华斌，董明，等，2014.内蒙古白音敖包地区金矿成矿特征及成矿系统演化[J].大地构造与成矿学，38（1）：119-130.

黄光杰，2014.内蒙古大兴安岭中北段金属矿成矿规律[D].北京：中国地质大学（北京）.

黄文斌，肖克炎，丁建华，等，2011.基于GIS的固体矿产资源潜力评价[J].地质学报，85（11）：1834-1843.

黄建军，李天恩，范红科，2012.大兴安岭地区金（银）多金属矿成矿地质背景及找矿潜力的探讨[J].黄金科学技术，18（6）：13-18.

黄广环，2012.内蒙古中东部重要成矿带地质特征及找矿潜力分析[J].黄金科学技术，20（4）：33-38.

江彪，陈毓川，王成辉，等，2015.中国银矿床成矿系列与成矿谱系初探[J].矿床地质，34（6）：1295-1308.

贾斌，杨宏智，张春鹏，等，2010.大兴安岭地区与浅成侵入岩和火山-次火山岩有关的铜钼矿床成矿规律[J].地质与资源，19（3）：197-202.

江和中，刘国范，刘伟芳，2007.内蒙古吉林宝力格银矿床地质特征及找矿标志[J].华南地质与矿产（4）：9-13.

江思宏，聂凤军，刘翼飞，等，2010.内蒙古拜仁达坝及维拉斯托银多金属矿床的硫和铅同位素研究[J].矿床地质，29（1）：101-112.

江思宏，聂凤军，刘翼飞，等，2011.内蒙古孟恩陶勒盖银多金属矿床及其附近侵入岩的年代学[J].吉林大学学报（地球科学版），41（6）：1755-1769.

匡永生，郑广瑞，卢民杰，等，2014.内蒙古赤峰市双尖子山银多金属矿床的基本特征[J].矿床地质，33（4）：847-856.

雷国伟，杨旭生，汪正涌，等，2012.内蒙古有色金属重要矿床—成矿特征、多源地质信息找矿模式及应用[M].北京：科学出版社，117.

李泊洋，2013.内蒙古自治区阿鲁科尔沁旗敖包吐矿区铅锌银矿详查报告[R].

李友珍，2012.内蒙古自治区扎兰屯市二道河矿区银铅锌矿勘探报告[R].扎兰屯市国森矿业有限责任公司.

李兴，刘云华，关强兵，等，2016.内蒙古二道河铅锌矿床构造控矿作用及找矿方向[J].地球科学与环境学报，38（6）：791-802.

李剑，2006.大兴安岭有色金属基地建设的资源环境条件分析[D].北京：中国地质大学（北京）.

李剑锋，王可勇，陆继胜，等，2015.内蒙古红岭铅锌矿床成矿流体地球化学特征及矿床成因[J].地球科学（中国地质大学学报），（6）：995-1005.

李剑锋，2015.内蒙古赤峰红岭铅锌多金属矿床成矿作用及外围成矿预测[D].长春：吉林大学.

李仰春，汪岩，吴淦国，等，2013.大兴安岭北段扎兰屯地区铜山组源区特征：地球化学及碎屑锆石U-Pb年代学制约[J].中国地质，40（2）：391-402.

李伟，2009.大兴安岭北段东坡伸展构造研究[D].长春：吉林大学.

李闫华，2008.内蒙古赤峰市白音诺尔铅锌矿综合信息研究与成矿预测[D].武汉：中国地质大学.

李振祥，谢振玉，刘召，等，2008.内蒙古西乌珠穆沁旗花敖包特银铅锌矿矿床地质特征及成因初探[J].地质与资源，17（4）：278-281.

李世杰，2017.大兴安岭突泉-林西成矿带北段斑岩成矿系统勘查模型与成矿预测[D].北京：中国地质大学（北京）.

李午阳，张健，魏荣强，2013.内蒙古拜仁达坝银铅锌矿床的综合地球物理研究[C]//中国地球物理2013——第二十四分会场论文集.

李泊洋，2012.内蒙古自治区阿鲁科尔沁旗敖包吐矿区铅锌银矿普查报告[R].内蒙古自治区第十地质矿产勘查开发院.

刘崇民, 李应桂, 2001.岩浆熔离型Cu-Ni硫化物矿床元素组合和地球化学评价指标[J].地质与勘探, 37(5): 6-9.

刘建明, 张锐, 张庆洲, 2004.大兴安岭地区的区域成矿特征[J].地学前缘, 11(1): 269-277.

刘傲然, 2012.内蒙古新巴尔虎右旗奴温亭屯石格勒银矿区构造地质特征和成矿规律研究[D].石家庄: 石家庄经济学院.

刘波, 乔宝成, 姜治民, 等, 2013.阿荣旗谢永贵家庭农场一带土壤化探的数学地质异常提取[J].矿床地质, 32(6): 1300-1307.

柳炳利, 2009.基于SD法的固体矿产资源研究[D].成都: 成都理工大学.

刘永俊, 2014.内蒙古扎兰屯市二道河铅锌银矿地质特征及外围预测[D].长春: 吉林大学.

娄德波, 肖克炎, 丁建华, 等, 2010.矿产资源评价系统(MRAS)在中国矿产资源潜力评价中的应用[J].地质通报, 29(11): 1677-1684.

卢宝玉, 2012.内蒙古昆都地区西古井子北山铜多金属矿床地质特征[D].石家庄: 石家庄经济学院.

吕鹏, 2007.基于立方体预测模型的隐伏矿体三维预测和系统开发[D].北京: 中国地质大学(北京).

吕志成, 段国正, 刘丛强, 等, 2000.大兴安岭地区银矿床类型、成矿系列及成矿地球化学特征[J].矿物岩石地球化学通报, 19(4): 305-309.

吕志成, 张培萍, 段国正, 等, 2002.大兴安岭地区银矿床中银矿物的矿物学初步研究[J].矿物学报, 22(1): 75-61.

吕志成, 陈辉, 宓奎峰, 等, 2022.勘查区找矿预测理论与方法及其应用案例[J].地质力学学报, 28(5): 842-865.

吕高东, 高丽英, 中家新, 2010.内蒙古后生屯银多金属矿成矿规律及主要矿种成矿模式探讨[J].中国科技纵横, (4): 244-245.

卢贺, 2014.内蒙古吉林宝力格银矿床地质特征及找矿远景分析[J].新疆有色金属, (2): 10-13.

马玉波, 邢树文, 张彤, 等, 2015.内蒙古额尔古纳地区比利亚谷大型铅锌银矿床稀土微量元素地球化学特征及成矿意义[J].地质学报, 89(10): 1841-1852.

马玉波, 邢树文, 肖克炎, 等, 2016.大兴安岭Cu-Mo-Ag多金属成矿带主要地质成矿特征及潜力分析[J].地质学报，90（7）：1316-1333.

牛树银，孙爱群，郭利军，等，2008.大兴安岭白音诺尔铅锌矿控矿构造研究与找矿预测[J]大地构造与成矿学，32（1）：72-80.

聂兰仕，程志中，王学求，等，2007.深穿透地球化学方法对比研究-以内蒙古花敖包特铅锌矿为例[J].地质通报，26（12）：1574-1578.

匡永生，郑广瑞，卢民杰，等，2014.内蒙古赤峰市双尖子山银多金属矿床的基本特征[J].矿床地质，33（4）：847-856.

毛景文，张作衡，裴荣富，2012.中国矿床模型概论[M].北京：地质出版社，41-45.

聂凤军，曹毅，丁成武，等，2014.论兴蒙造山带叠生成矿作用：以锡林浩特和额尔古纳地块为例[J].岩石学报，（7）：2063-2080.

牛树银，孙爱群，郭立军，等，2008.大兴安岭白音诺尔铅锌矿控矿构造研究与找矿预测[J].大地构造与成矿学，32（1）：72-80.

欧阳荷根，李睿华，周振华，2016.内蒙古双尖子山银多金属矿床侏罗纪成矿的年代学证据及其找矿意义[J].地质学报，90（8）：1835-1845.

潘桂棠，肖庆辉，陆松年，等，2009.中国大地构造单元划分[J].中国地质，36（1）：1-4.

庞雪娇，宋维民，付俊彧，等，2015.内蒙古孟恩陶勒盖多金属成矿远景区的成矿地质特征及找矿前景[J].吉林大学学报（地），45（2）：483-494.

齐路良，谢科范，2015.高校廉政风险防控的探索性因子分析[J].南华大学学报：社会科学版，16（6）：29-34.

覃璐雪，2017.滇东南薄竹山-老君山矿集区Sn-W与Pb-Zn-Ag矿致异常提取及其找矿靶区圈定[D].北京：中国地质大学（北京）.

邵和明，张履桥，2016.内蒙古自治区主要成矿区（带）和成矿系列[M].中国地质大学出版社，38-43.

邵济安，张履桥，牟保磊，等，2007.大兴安岭的隆起与地球动力学背景[M].北京：地质出版社，91-170.

邵济安，牟保磊，朱慧忠，等，2010.大兴安岭中南段中生代成矿物质的深部来源与背景[J].岩石学报，26（3）：649-656.

邵济安，张履桥，2015.大兴安岭中生代伸展造山过程中的岩浆作用[J].地学前缘，6（4）：339-346.

邵积东，王守光，赵文涛，等，2007.大兴安岭地区成矿地质特征及找矿前景分析[J].

地质与资源，16（4）：252-256．

邵积东，王惠，张梅，等，2011．内蒙古大地构造单元划分及其地质特征[J].西部资源，（2）：51-56．

邵积东，2013．内蒙古自治区矿产资源潜力评价成矿地质背景研究成果报告[R].内蒙古自治区地质调查院．

邵积东，2016．内蒙古地质构造单元划分及存在的有关问题[J].西部资源，（3）：84-87．

佘宏全，李红红，李进文，等，2009．内蒙古大兴安岭中北段铜铅锌金银多金属矿床成矿规律与找矿方向[J].地质学报，83（10）：1456-1472．

佘宏全，梁玉伟，李进文，等，2011．内蒙古莫尔道嘎地区早中生代岩浆作用及其地球动力学意义[J].吉林大学学报（地球科学版），41（6）：1831-1864．

佘宏全，2013．大兴安岭成矿带关键构造—岩浆—成矿事件研究成果报告[R].中国地质科学院矿产资源研究所．

佘宏全，蔡明海，张令进，等，2018．内蒙古东乌旗达亚纳地区地质矿产调查与成岩-成矿作用[J].地质通报，37（2）：283-298．

施俊法，唐金荣，周平，等，2011．关于找矿模型的探讨[J].地质通报，30（7）：1119-1125．

舒启海，赖勇，魏良民，等，2011．大兴安岭南段白音诺尔铅锌矿床流体包裹体研究[J].岩石学报，27（5）：1467-1482．

宋昊，张成江，潘凤雏，等，2012．矿产资源潜力评价中成矿地质体体积法及参数确定方法探讨[J].物探化探计算技术，34（4）：455-463．

宋维民，李之彤，付俊彧，等，2014．内蒙古科尔沁右翼中旗地区孟恩陶勒盖岩体成因研究[J].地质科学，49（4）：1150-1168．

孙丰月，王力，2008．内蒙拜仁达坝银铅锌多金属矿床成矿条件[J].吉林大学学报（地球科学版），38（3）：376-383．

谭化川，2016．大兴安岭敖包吐铅锌银矿床地质特征及成矿预测[D].北京：中国地质大学（北京）．

田光明，王立峰，刘军恒，等，2013．内蒙古自治区赤峰市坤都等四幅1：5万区域矿产地质调查[R].内蒙古自治区矿产实验研究所．

田京，李进文，王润和，等，2014．内蒙古额仁陶勒盖地区侵入岩LA-ICP-MS锆石U-Pb年龄及地球化学特征[J].中国地质，41（4）：1092-1107．

田京, 2015.内蒙古额仁陶勒盖银矿床矿化与蚀变地质特征研究[D].北京: 中国地质大学（北京）.

田麒, 2004.内蒙古二连 - 东乌旗地区铜多金属成矿带的地质特征及成矿规律的初步探讨[D].天津: 中钢集团天津地质研究院.

王力, 孙丰月, 2008.内蒙拜仁达坝银铅锌多金属矿床地质特征[J].世界地质, 27（3）: 252-259.

王安建, 李晓波, 2000.成矿理论与勘查技术方法现状与发展趋势[J].中国地质, (1): 30-33.

王丰翔, 孙红军, 裴荣富, 等, 2016. 巴林左旗双尖子山银多金属矿床基本地质特征及成因机制[J].地质论评, 62（5）: 1241-1256.

魏良民, 王涛, 2015.红岭铅锌矿矿区外围找矿前景分析[J].科技资讯, 13（1）: 221-221.

谢学锦, 刘大文, 向运川, 等, 2002.地球化学块体: 概念和方法学的发展[J].中国地质, 29（3）: 225-233.

易建, 魏俊浩, 姚春亮, 等, 2012.内蒙古白音诺尔铅锌矿区三叠纪侵入岩体的发现及地质意义: 锆石U-Pb年代学证据[J].地质科技情报, (4): 11-16.

曾庆栋, 刘建明, 贾长顺, 等, 2007.内蒙古赤峰市白音诺尔铅锌矿沉积喷流成因: 地质和硫同位素证据[J].吉林大学学报（地球科学版）, 37（4）: 659- 667.

曾庆栋, 刘建明, 万志民, 等, 2007.内蒙古赤峰市白音诺尔铅锌矿床构造控制与找矿方向[J].大地构造与成矿学, 31（4）: 430-434.

翟裕生, 2020.矿床学思维方法探讨[J].地学前缘, 27（2）: 1-12.

张梅, 2012.大兴安岭中南段铜多金属矿床成矿系统研究[D].北京: 中国地质大学（北京）.

张梅, 翟裕生, 沈存利, 等, 2011.大兴安岭中南段铜多金属矿床成矿系统[J].现代地质, 25（5）: 819-831.

王森, 范继璋, 王忠文, 等, 2009.内蒙古黄岗 - 甘珠尔庙成矿带铅锌矿综合信息找矿模型[J].地学前缘, 16（6）: 318-324.

王立明, 张忠, 2012.赤峰市有色金属矿产资源成矿规律探讨[J].科技与企业, (22): 142-143.

王建军, 王忠, 张达, 等, 2013.内蒙古扎兰屯二道河铅锌银铜矿床地质特征及成因初探[J].矿物学报, (s2): 498-499.

王承洋，2015.内蒙古黄岗梁-甘珠尔庙成矿带铅锌多金属成矿系列与找矿方向[D].
长春：吉林大学.

王丰翔，孙红军，裴荣富，等，2016.巴林左旗双尖子山银多金属矿床基本地质特征
及成因机制[J].地质论评，（5）：1241-1256.

王丰翔，2017.内蒙古双尖子山银多金属矿区及外围岩浆活动与银多金属成矿作用[D].
武汉：中国地质大学.

王沛东，高征西，2015.加强典型矿床研究叩响找矿突破之门[N].中国国土资源报，
10-14（6）.

王淼，雷万杉，马艳英，等，2010.赤峰北部地区Pb地球化学块体特征及铅矿资源
评价[J].吉林大学学报（地球科学版），40（1）：73-79.

王文政，于崇波，2014.某银铅矿地质特征及找矿方向探讨[J].中国矿山工程，43
（4）：30-34.

王淼，曹珂，渠洪杰，等，2017.大兴安岭南段翁牛特旗浅覆盖区铅锌矿找矿潜力分
析[J].地质与勘探，53（3）：425-435.

王守光，彭润民，王建平，等，2008.内蒙古自治区大矿、富矿成矿系统及找矿预测
研究报告[R].呼和浩特：内蒙古自治区地质调查院.

万多，李剑锋，王一存，等，2014.内蒙古红岭铅锌多金属矿床辉钼矿Re-Os同位素
年龄及其意义[J].地球科学（中国地质大学学报），（6）：687-695.

吴越，张均，胡鹏，2010.剩余异常分量因子得分法在西秦岭凤-太矿集区西段化探
找矿靶区优选中的应用[J].物探与化探，34（3）：340-343.

吴冠斌，刘建明，曾庆栋，等，2013.内蒙古大兴安岭双尖子山铅锌银矿床成矿年龄[J].
矿物学报，（s2）：619.

吴冠斌，2014.大兴安岭中南段银成矿作用研究：以双尖子山银多金属矿床为例[D].
北京：中国科学院大学.

吴涛涛，赵东芳，邵军，等，2014.内蒙古比利亚谷铅锌银矿床地质地球化学特征
及成因[J].中国地质，41（4）：1242-1252.

肖克炎，张晓华，李景朝，等，2007.全国重要矿产总量预测方法[J].地学前缘，14
（5）：20-26.

肖克炎，叶天竺，李景朝，等，2010.矿床模型综合地质信息预测资源量的估算方法[J].
地质通报，29（10）：1404-1412.

肖克炎，娄德波，孙莉，等，2013.全国重要矿产资源潜力评价一些基本预测理论方

法的进展[J].吉林大学学报（地球科学版），43（4）：1073-1082.

肖克炎，孙莉，阴江宁，等，2014.全国重要矿产预测评价[J].地球学报，35（5）：543-551.

解惠，2011.内蒙古阿尔山成矿带有色金属矿床区域成矿背景与成矿构造动力学研究[D].成都：成都理工大学.

徐备，田峰，2000.内蒙古西北部宝音图群Sm-Nd和Rb-Sr地质年代学研究[J].地质论评，46（1）：86-90.

徐国，关云鹏，谢燕，等，2013.陶来托地区辉钼矿成矿地质特征及找矿远景分析[J].内蒙古科技与经济，（9）：58-59.

许文良，王枫，裴福萍，等，2013.中国东北中生代构造体制与区域成矿背景：来自中生代火山岩组合时空变化的制约[J].岩石学报，29（2）：339-353.

许立权，张彤，黄建勋，等，2013.内蒙古自治区矿产资源潜力评价成矿地质背景研究成果报告[R].内蒙古自治区地质调查院.

许立权，刘翠，邓晋福，等，2014.内蒙古额仁陶勒盖银矿区火成岩岩石地球化学特征及锆石SHRIMP U-Pb同位素定年[J].岩石学报，30（11）：3203-3212.

杨帆，2017.大兴安岭中南段铅锌多金属矿地球化学建模及定量预测[D].中国地质大学（北京）.

叶杰，刘建明，张安立，等，2002.沉积喷流型矿化的岩石学证据：以大兴安岭南段黄岗和大井矿床为例[J].岩石学报，18（4）：588-592.

姚井山，李超英，李占军，2008.内蒙古自治区阿鲁科尔沁旗哈布特盖矿区铅锌矿详查报告[R].阿鲁科尔沁旗中天矿业有限责任公司.

袁兆宪，2014.基于PXRF技术的露头和手标本尺度元素迁移富集规律研究[D].武汉：中国地质大学.

藏金生，李诗言，蔡新明，2013.化探中五个常用参数的应用[J].科技视界，（28）：8-10.

张彤，许立权，闫洁，等，2013.内蒙古白云鄂博群金矿综合地质信息预测[J].吉林大学学报（地球科学版），43（4）：1246-1253.

张超，2017.内蒙双尖子山银多金属矿矿石矿物与成矿期次研究[D].北京：中国地质大学（北京）.

张忠，2013.内蒙古自治区西乌珠穆沁旗花敖包特矿区1038、1118高地银铜铅锌多金属矿详查报告[R].内蒙古玉龙矿业股份有限公司.

张晓飞，李智明，陈博，等，2012.东昆仑祁漫塔格地区滩间山群矽卡岩化成矿作用[J].
    西北地质，45（1）：40-47.

张允平，苏养正，李景春，2010.内蒙古中部地区晚志留世西别河组的区域构造学意
    义[J].地质通报，29（11）：1599-1605.

张丽娜，2016.腾冲地块 Pb-Zn 与 Sn-W 多金属矿化致矿地球化学异常信息提取与找
    矿靶区圈定[D].北京：中国地质大学（北京）.

张万益，聂凤军，刘树文，等，2013.大兴安岭南段西坡金属矿床特征及成矿规律[J].
    中国地质，40（5）：1583-1599.

张国腾，2017.内蒙古拜仁达坝-维拉斯托多金属矿床成矿模式探讨[J].世界有色
    金属，（13）：124-126.

张长青，叶天竺，吴越，等，2012. Si/Ca 界面对铅锌矿床定位的控制作用及其找矿
    意义[J].矿床地质，31（3）：405-416.

张雪冰，2017.大兴安岭南段西坡铅锌多金属矿床成矿系列与找矿方向[D].长春：吉
    林大学.

赵文涛，2012.内蒙古二连-阿巴嘎旗地区有色金属矿预测与找矿模型建立研究[D].
    中国地质大学（北京）.

赵岩，2017.内蒙古得尔布干成矿带铅锌银矿成矿模式与找矿预测[D].北京：中国地
    质大学（北京）.

赵鹏大，2019.地质大数据特点及其合理开发利用[J].地学前缘，26（4）：1-5.

赵鹏大，陈永清，2021.数字地质与数字矿产勘查[J].地学前缘，28（3）：1-5.

郑广瑞，2010.内蒙古自治区巴林左旗双尖子山矿区银铅矿详查报告[R].赤峰宇邦矿
    业有限公司.

郑萍，王忠，宋玉坤，等，2013.内蒙古二道河银多金属矿床的发现及其意义[J].地质
    与资源，22（6）：488-492.

钟日晨，杨永飞，石英霞，等，2008.内蒙古拜仁达坝银多金属矿区矿石矿物特征及
    矿床成因[J].中国地质，35（6）：1274-1285.

周文孝，葛梦春，2013.内蒙古锡林浩特地区中元古代锡林浩特岩群的厘定及其意义[J].
    地球科学，38（4）：715-724.

周顶，2014.内蒙古花敖包特铅锌银多金属矿床成因模式与综合找矿模型[D].北京：
    中国地质大学（北京）.

周建波，曾维顺，曹嘉麟，等，2012.中国东北地区的构造格局与演化：500Ma 到

180Ma[J].吉林大学学报（地球科学版），42（5）：1298-1316.

AUDÉTAT A，PETTKE T，HEINRICH C A，et al，2008. The composition of magmatic-hydrothermal fluids in barren and mincralized intrusions[J]. Economic Geology，103：877-908.

BOHLKEA J K，LAETER J R，BIEVRE P D，et al，2005. Isotopic compositions of the elements[J]. Journal of Physical and Chemical Reference Data，34（1）：57-67.

CHEN Y Q，ZHAO P D，CHEN J P，et al，2001. Application of the Geo-Anomaly Unit Concept in Quantitative Delineation and Assessment of Gold Ore Targets in Western Shandong Uplift Terrain，Eastern China[J]. Natural Resources Research，10（1）：35-49.

CHEN Y Q，HUANG J N，ZHAI X M，et al，2009. Telescoping ore targets by geochemical exploration at multiple scales in Eastern Yunnan Pt geochemical province，southwestern China[J]. Chinese Science：Earth Science，52（5）：627-637.

CHEN Y Q，ZHANG L N，ZHAO B B，2015. Application of singular value decomposition（SVD）in extraction of gravity components indicating the deeply and shallowly buried granitic complex associated with tin polymetallic mineralization in the Gejiu tin ore field，Southwestern China[J]. Journal of Applied Geophysics，123（20）：63-70.

CHEN Y Q，ZHANG L N，ZHAO B B，2016. Application of Bi-dimensional empirical mode decomposition（BEMD）modeling for extracting gravity anomaly indicating the ore-controlling geological architectures and granites in the Gejiu tin-copper polymetallic ore field，southwestern China[J]. Ore Geology Reviews.

CHU X L，CUN M，ZHOU M F，2002. PGE patterns of ores of Dajing Cu-polymetallic deposit in Linxi County，Inner Mongolia：Indicator to source of metallogenic elements[J]. Chinese Science Bulletin，47（13）：1119-1124.

CANDELA P A，PICCOLI P M，2005. Magmatic processes in the development of porphyry-type ore systems[J]. Economic Geology 100th Anniversary Volume，25-37.

CHAMBEFORT I，DILLES J H，KENT A J R，2008. Anhydrite-bearing andesite and dacite as a source for sulfur in magmatic-hydrothermal mineral deposits[J]. Geology，36：719-722.

CHEN B，JAHN BM，WILDE S，et al，2000. Two constrasting Paleozoic magmatic belts in northern Inner Mongolia, China: petrogenesis and tectonic implications[J]. Tectonophysics, 328: 157-182.

CHEN Z G, ZHANG LC, WAN B, et al, 2011. Geochronology and geochemistry of the Wunugetushan porphyry Cu-Mo deposit in NE China, and their geological significance[J]. Ore Geology Review, 43: 92-105.

COOKE D R, HOLLINGS P, WALSHE J L, 2005. Giant Porphyry Deposits: Characteristics, distribution, and tectonic controls[J]. Economic Geology, 100: 801-818.

CROFIT F, HANCHAR J M, HOSKIN P W, et al, 2003. Atlas of zircon textures[J]. Reviews in Mineralogy and Geochemistry, 53: 469-495.

EINAUDI M T, HEDENQUIST J W, INAN E E, 2003. Sulfidation state of fluids in active and extinct hydrothermal systems: Transitions from porphyry to epithermal environments[J]. Society of Economic Geologists Special Publication, 10: 285-313.

LAZNICKA P, 2006. Giant Metallic Deposits-Future Sources of Industrial Metals [M]. Berlin, Springer.

ZENG QD, LIU J M, ZHANG Z L, et al, 2009. Geology and lead-isotope study of the Baiyinnuoer Zn-Pb-Ag deposit, south segment of the Da Hinggan Mountains, Northeastern China[J]. Resource Geology, 59(2): 170-180.

ZHANG Z, ZEQIN L I, CHENG S, et al, 2012. Geochemical characteristics of granite porphyry of Mengya'a Skarn Pb-Zn Deposit in Tibet [J]. Nonferrous Metals.

SEVILLA A, 2014. On the importance of time diary data and introduction to a special issue on time use research[J]. Review of economics of the household, 12(1): 1-6.

SUN W, NIU Y, MA Y, et al, 2015. Petrogenesis of the Chagangnuoer deposit, NW China: a general model for submarine volcanic-hosted skarn iron deposits [J]. Science Bulletin, 60(3): 363-379.

GAO S, RUDNICK RL, YUAN HL, et al, 2004. Recycling lower continental crust in the North China craton[J]. Nature, 432: 8922-8971.

HUANG J N, ZHAO B B, CHEN Y Q, et al, 2010. Bidimensional empirical mode decomposition (BEMD) for extraction of gravity anomalies associated with gold mineralization in the Tongshi gold field, Western Shandong Uplifted Block, Eastern China[J]. Computers & Geosciences, 36(7): 987-995.

JAHN B M, WU F Y, CAPDEVILA R, et al, 2001. Highly evolved juvenile granites with tetrad REE patterns: the Woduhe and Baerzhe granites from the Great Xing' an Mountain in NE China[J]. Lithos, 59, 171-198.

JUGO P J, LUTH R W, RICHARDS J P, 2001. Experimental determination of sulfur solubility in basaltic melts at sulfide vs. sulfate saturation: Possible implications for ore formation[J]. Eos, Transactions, 82: 47.

MAO J W, WANG Y T, ZHANG Z H, et al, 2003. Geodynamic settings of Mesozoic large-scale mineralization in North China and adjacent areas-Implication from the highly precise and accurate ages of metal deposits[J]. Science in China(Series D), 46 (8): 839-852.

MEINERT L D, DIPPLE G M, NICOLESCU S, 2005. World skarn deposits[J]. Economic Geology 100th Anniversary Volume, 299-336.

MISRA K C, 2000. Understanding mineral deposits[J]. Kluwer Academic Publishers, 353-449.

NAGASEKI H, HAYASHI K, 2008. Experimental study of the behavior of copper and zinc in a boiling hydrothermal system[J]. Geology, 36: 27-30.

POKROVSKI G S, TAGIROV B R, SCHOTT J, et al, 2009. A new view on gold speciation in sulfur-bearing hydrothermal fluids from in situ X-ray absorption spectroscopy and quantum-chemical modeling[J]. Geochimica et Cosmochimica Acta, 73: 5406-5427.

SUN D Y, WU F Y, LI H M, 2001. Emplacement age of the post-orogenic A-type granites in northwestern Lesser Xing' an Ranges, and its relationship to the eastward extension of Suolunshan-Hegenshan-Zhalaite collisional suture zone[J]. Chinese Science Bulletin, 46: 427-432.

WANG F, ZHOU X H, ZHANG L C, et al, 2006. Late Mesozoic volcanism in the Great Xing' an Range(NE China): Timing and implications for the dynamic setting of NE Asia[J]. Earth and Planetary Science Letters, 251: 179-198.

WANG J B, WANG Y W, WANG L J, et al, 2001. Tin-polymetallic mineralization in the southern part of the Da Hinggan Mountains, China[J]. Resource Geology, 51(4): 283-291.

WANG F, ZHOU X H, ZHANG L C, 2006. Late mesozoic volcanism in the great

Xing'an range(NE China): Timing and implications for the dynamic setting of NE Asia[J]. Earth and Planetary Science Letters, 251(1/2): 179–198.

WU F Y, JAHN B M, WILDE S A, et al, 2003. Highly fractionated I-type granites in NE China(I): geochronology and petrogenesis[J]. Lithos, 66: 241-273.

WU F Y, SUN D Y, LI H M, et al, 2002. A-type granites in northeastern China: age and geochemical constraints on their petrogenesis[J]. Chemical Geology, 187: 143-173.

XIAO W J, WINDLEY B F, ZHAI M G, 2003. Accretion leading to collision and the Permian Solonker suture, Inner Mongolia, China: Termination of the central Asian orogenic belt[J]. Tectonics, 22(6).

YOGODZINSKI G M, LEES J M, CHURIKOVA T G, et al, 2001. Geochemical evidence for the melting of subducting oceanic lithosphere at plate edges[J]. Nature, 409: 500-504.

YING J F, ZHOU X H, ZHANG L C, et al, 2010. Geochronological framework of Mesozoic volcanic rocks in the Great Xing'an Range, NE China, and their geodynamic implications[J]. Journal of Asian Earth Sciences, 39(6): 786–793.

ZENG Q D, LIU J M, YU C M, et al, 2011. Metal deposits in the Da Hinggan Mountains, NE China: Styles, Characteristics, and Exploration Potential[J]. International Geology Review, 53: 846-878

ZHANG S H, ZHAO Y, SONG B, et al, 2009. Contrasting Late Carboniferous and Late Permian–Middle Triassic intrusive suites from the northern margin of the North China Craton: geochronology, petrogenesis and tectonic implications[J]. Geological Society of America Bulletin, 121: 181-200.

ZHAO B B, CHEN Y Q, 2011. Singular value decomposition(SVD) for extraction of gravity anomaly associated with gold mineralization in Tongshi gold field, Western Shandong Uplifted Block, Eastern China [J]. Earth Science, 18(1): 221-229.

QIUMING C, SHENGYUAN Z, RENGUANG Z, et al, 2009. Progress of multifractal filtering techniques and their applications in geochemical information extraction[J]. Earth science frontiers.

致　谢

　　"落其实者思其树，饮其流者怀其源。"从初来北京求学算起在中国地质大学（北京）度过了七载春秋。首先要真诚地感谢我的恩师陈永清教授一直以来对我的鼓舞和支持。科研方面，事无巨细无论是大、小论文和读书报告的修改还是外文下载等，导师对每个环节都精心指导，且强调"诚信第一，秩序与效率并重"。学习方面，导师为我们提供了优越的科研条件和学习环境——永远的"108"，这为本书得以顺利开展，以及研究生期间知识和经验的积累提供了极好的平台。生活上，陈老师对待学生严中有爱，时常询问我们的"吃饭住宿"好不好，细微的关怀令我们感动。还要感谢师母刘洪光老师，她有着母亲般的慈爱，为来自外地的学子们带来缕缕暖意，让我再一次感谢这个"地质之家"！陈老师严谨的治学精神、踏实的做事作风、豁达的人生态度，也无时无刻不在影响着我的世界观、人生观、价值观，让我受益匪浅。在这个过程中，陈老师渊博的专业知识、严谨的治学态度和精益求精的工作作风给我留下了非常深刻的印象，导师的教导和鼓励使我在人生的道路上又迈上了一个新的台阶。"一日为师，终身为父"，借本书完成之际，谨向陈老师致以最衷心的感谢和最诚挚的祝福！

　　"羊有跪乳之恩，鸦有反哺之义。"感恩是精神上的宝藏，是灵魂上的健康。在学习和本书编写过程中，还始终得到内蒙古自治区地质矿产勘查开发局原总工、正高级工程师张履桥先生、吕智超主任，中国地质大学（北京）周蔚萍老师等多方面的大力支持和热情帮助。中国地质调查局发展研究中心甄世民博士提出了中肯的意见和建议，中国地质调查局发展研究中心提供了工作机会，在此一并表示衷心感谢。还要感谢中国科学院地质与地球物理所、中国地质科学院矿产资源研究所、中国地质调查局沈阳地质调查中心、河北地质大学、河北省地球物理勘查院、内蒙古自治区自然资源厅、内蒙古自治区地质勘查基金管理中心、内蒙古自治区地质调查研究院、内蒙古自治区国土资源信息院、内蒙古自治区矿产实验研究所、内蒙古自治区地质矿产勘查院、内蒙古自治区第三和第十地质矿产勘查开发院、内蒙古自治区国土资源勘查开发院、内蒙古自治区地质环境监测院、中化地质矿山总局内蒙古自治区地质勘查院、内蒙古自治区玉龙矿业股份有限公司、内蒙古自治区银都矿业有限责任公司、内蒙古自治区红岭矿业有限责任公司、内蒙古自治区维拉斯托矿业有限责任公司、内蒙古自治区拜仁矿业有限公司、赤峰宇邦矿业有限公司、扎兰屯市国森矿业有限责任公司等单位在资料收集、室内和野外工作中给予极大的支持和帮助。

"一箭易折，十箭难断。"国家深地资源探测项目数字找矿课题组工作室一直秉承着"包容、合作、共赢"的宗旨，"团结奋进、求真务实"是这个团队的特质。非常感谢赵彬彬博士在软件指导、数据处理、论文写作等方面提供的帮助和建设性的建议。感谢郭向国博士、尚志博士、刘慧民博士、覃璐雪硕士、张丽娜硕士、赵斌南硕士、李建德硕士、高振男硕士、赵力颖硕士、贠杰硕士等人在科研方面和生活方面给予的极大帮助，在此深表感谢。

"孤燕不成春，独树难成林。"感谢内蒙古自治区自然资源厅、内蒙古自治区地质矿产勘查开发局以及内蒙古自治区地质调查研究院博士班的同学——许磊、李世杰、范淑花、柴辉、张恒、范立新、武斌、王宁、余存林、刘有生、王继春、孙仁斌、楚丽霞、苏永辉、张善明、柴芳、刘爱沅、刘利宝、李国栋、赵胜金、徐德伟以及班里其他支持鼓励、帮助我的同学们，祝福大家顺利毕业，前程似锦。

"将相和，国富强；家人和，业必兴。"诚然，家和万事兴，人生才得以顺利前行，这其中最关键的是"和"的可贵。和睦的家庭是我身后强有力的保障，本书得以完成要特别感谢我不辞辛劳默默奉献的父母、无怨无悔支持我工作的妻子、可爱懂事的女儿，是他们让我全力以赴，心无旁骛，也非常感谢亲戚、朋友们一如既往的支持。无论身处何地，他们长期而坚定的支持都是支撑我的强大力量。

最后，衷心感谢培养我的母校——中国地质大学（北京）；感谢容我、忍我、让我的大家庭——地球科学与资源学院；感谢古老而又年轻的矿产普查与勘探教研室。"路漫漫其修远兮，吾将上下而求索。"谨此向所有关心、支持与帮助我的单位、老师、同学、朋友和家人致以最诚挚的敬意和感谢！感谢内蒙古财经大学学术专著出版基金资助。在本书付梓之际，由衷地感谢所有在本书撰写过程中给予信任、支持和帮助的同仁。特别感谢中国商务出版社编辑老师专业、高效、认真的工作态度和辛勤付出。虽然已经竭尽全力，但受到主客观因素的限制，书中可能存在疏漏，敬请广大读者批评指正，以期日后继续完善。

杜青松

2024 年 12 月